U0593961

今生不再相欠

来生不要再见

大师兄 著

比句点更悲伤

北京联合出版公司
Beijing United Publishing Co.,Ltd.

那些活着的人、死去的人，

家属和死者，阴和阳，

没少过的抱怨以及无尽的遗憾，

夹杂着多少别人人生的故事……

比句点更悲伤

目　录

自序：常常来殡仪馆，就知道自己过得多幸福　　01

PART 1　　**以为都是应该的**

家里面谁最笨？付出的最笨……

· 孤独死　　002

· 家里面谁最笨？付出的最笨　　007

· 不孝　　013

· 保险死　　021

· 她最无助、最需要你的时候，你看过吗　　028

· 不"被"希望存在的人　　035

· 棺材里面装什么　　039

· 为什么活人的地方冷清，而死人的地方热闹呢　　047

· 到老　　052

· 婚姻　　061

· 陪你到最后　　067

●●●句点　　073

PART 2　以为你都知道

想要那么痛苦地引人注意，

你希望得到什么？你希望表达什么？

· 今生不再相欠，来生不要再见　　080

· 你对你孩子懂多少　　088

· 再怎么逞凶斗狠，死后能躺两具棺材吗　　095

· 假如死后还可以有一个时辰告别　　103

· 有些东西，碰过了是不是就再也回不去了呢　　108

· 到底谁才是一家人　　116

· 名分，在某些时刻似乎不是那么重要　　123

· 出家后当真可以心里没有家人吗　　127

· 我们就是一群不肖子女　　131

· 人死后，能带走的是什么？而带不走的，又会变成什么　　137

· 少了你，这世界还是一样在转动　　142

●● 房东的反扑　　148

目 录

PART 3　**以为是真的**

有的悲伤，这辈子很快就会忘，
可能要下辈子才能明白

· 人为什么爱赌　152

· 要不要相信热心人　159

· 有的悲伤，可能要下辈子才能明白　164

· 一直抢快真的会一直爽吗　174

· 路太熟不是一件好事　180

· 有时候，人心比鬼还可怕　184

· 包装　191

· 亡者变青蛙　197

· 烧烤店　205

· 罢工　210

●● 生命中不能承受之轻　219

自 序

常常来殡仪馆，就知道自己过得多幸福

你好，我今年三十二岁，是一个肥宅，没有目标的肥宅。

我没房没车，名下除了一笔要给妈妈的小小安家费，其他都没有。没有存款，也没有负债，更没有女朋友。

记得我有次去银行贷款，柜员对我说："先生，您一领到薪水，账户里面就剩零钱，这样我没法贷给您啊。"于是我也不贷款了。

平常就是上班工作，下班发呆。

曾经想过下班后去送外卖或是开出租车，反正也是闲着

没事，后来误入歧途写了本书，加入写作的行列，从此不能好好当宅男了。不能沉迷于在线游戏，不能练功练到封顶，不能天天下班没事，整个晚上打打小牌，好可怜。

不过，每天能记录一些上班的小故事，也认识了一些特别的人，更有一群有趣的网友会看我写的东西，想起来就会很开心。

但是，书写也会改变一些生活，有人会对我说：

"要存钱。"

"要运动。"

"要健康。"

"要更充实。"

"要上进。"

"要……"

我常常觉得很奇怪，当你一无所有的时候，别人不会要求你，但是当你往上爬了一点的时候，别人就觉得你应该改变。可是改变之后的我，还是我吗？喜欢宅在家里就很快乐真的错了吗？人生真的要努力上进才是完美的吗？我这辈子追求的是自己的愉快，还是别人的期待呢？

好多好多问题和往事在我的脑子中打转。

某天，我们去接了一个在家往生的先生[1]，已经往生大概八天了。

那是一间套房，给人很舒适的感觉。发现人不是邻居，而是同事。

这位先生有两组同事，一组是早上工厂打工的，一组是晚上干物流的。同事表示好久没看到这个先生上班了，因为欠了这位先生的钱，最近做梦都梦到这位先生向自己要钱，心里很不踏实，想说才欠几千块，还给他好了，就去他的家里找他。

敲门没应，电话没接，后来就报警了，果然真的在家里往生了。

之后，警察找往生者家属的时候才发现，紧急联络人是乱写的，全世界他们家只剩他一人。

想找房东处理房子，才知道那间房子剩一年贷款没还，他做两份工作就是想快点还完房贷。于是，我们那边有房的"长老"又多了一位。

所谓"长老"就是一些无名尸、无名骨以及有名无主或家属不愿意处理的遗体，冰冻在这里，可能几个月就会处理

1　指去世。——编者注

掉，也可能好几年都没有人愿意出面处理……

事后，我和同事老宅讨论：没家属、死在公园的当天被发现，和死在自己家里后一个礼拜才被发现、住在价值千万的"棺材"里，这两种情况不知会有什么区别。我心想：穷极一生之力买的棺材，想必很舒适吧。

有一次，附近的葬仪社老板告知，最近他可能有一个人要送来，目前还在抢救，但是家属都觉得送来可能比较好。

我们觉得奇怪：怎么可能送来好些？

于是，葬仪社老板说了："这个小姐是这样的，不仅每个月都月光，欠一堆卡债，还买了一堆奢侈品、名牌包、名表、衣服和鞋子。终于到了某天，她发现自己过不下去了，开始向亲朋好友借钱。

"借到没的借之后，她就把所有的奢侈品放到车上，开着车去山上，打算烧炭自杀，结果在烧炭的时候，炭盆倒了，变成火烧车，被旁边来夜游的人发现。

"一车奢侈品没了，她被烧成植物人。你觉得家属是希望继续养她，还是希望有朝一日能让我接手呢？"

听完这个故事，不知为何，我很希望有朝一日可以接到这个小姐，因为她真的太惨了，这样子拖下去，只会更拖累家人。

另外一天，我和老宅去医院接一个老人家回来。

老人家原本住在安养中心，家境不太好，儿子常常拖欠费用，但还是多多少少会支付一点。某天老人家真的不行了，送去医院急诊室住了几天，往生了。

家属不出来处理，变成社会局接手，于是让我们去。

到了现场，护理员一脸古怪地告诉我们，他的家属会来看。我们很奇怪，都已经是社会局的事了，怎么家属还会出面呢？

结果来了一个大哥，看见老人家，他哭得很难过，哭着哭着，护理员过来问："请问你是他的家属吗？"

那个大哥点了点头，护理员就继续问："那关于费用部分……"

大哥立刻擦了擦眼泪，说："没有啦……我是远房的，听说了来看看而已。"之后他问了厕所在哪里，就没再出现了，于是我们冰库里又多了一个"长老"。

几个月后，社会局请家属来签联合公祭的申请书，我总觉得那个自称"儿子"的人在哪里见过，但已经不重要了。

有时候，没钱真的很可怕，可以让爸爸变得不是爸爸，妈妈变得不是妈妈。有一天，我是否会因为没钱而不敢承认我的家人呢?

不,我不可能。

●

我做看护时,曾负责一整排的爷爷、奶奶,常常听他们的孩子介绍他们是某医院院长、某退休警察局局长、某地主[1]、某公司主管的妈妈。

当年我待的那家医院算是中等价位偏高的,一个月四五万跑不掉,住的人的家境也都不错。中午,当我冲好牛奶,把病床摇高,准备给躺在床上的爷爷、奶奶们喂牛奶的时候,总是想着:他们个个身家百万、千万,但是比起我,他们真的快乐吗?

我什么都没有,只有一副可以跑、可以跳的身体,是不是就赢过他们了呢?

有一天,我问一个长期坐轮椅的爷爷这个问题,爷爷说:"傻孩子,假如我的身家可以换站起来跑跑跳跳,我当然愿意呀!"

那时候,我不断在想,究竟是他过得比较好,还是我过得比较好。

1　指土地的所有者。——编者注

随着这份工作做得越久，看到的事情越多，我越觉得这辈子是来学习如何做一个容易满足的人的。

我们这边有很多怪人，有个老头没事就来这边晃。有一次，夜班警卫大胖问他："你为什么喜欢半夜在殡仪馆走来走去呢？"

老头想了想，说："常常来这里，就知道自己过得多幸福。"

可不是吗？那我为什么要在意别人的眼光、别人的期待、别人的要求呢？

有时候，我好希望自己还是那个上网发发牢骚、写写文章的快乐肥宅，过着一事无成的荒谬人生，好像什么都没有，却又什么都有。

不管如何，未来的我一定要更肥！更宅！

愿我一生都肥宅，

不带遗憾进棺材。

PART 1

以为都是应该的

家里面谁最笨？

付出的最笨……

孤独死

今天又是无趣的开始。早上闲着没事,看着"小老板"(守护冰库的地藏王菩萨),跟它交流一下眼神,希望今天不要出任务。但交流没三秒,就有往生者送了过来,一般般的业务,一般般的家属。就在填写资料的时候,下一个往生者又送了过来,然后又来一个。

唉,果然不能说大话,是会出事情的。

●

第一组一般般的业务,真的什么都一般般。等家属到齐的时候,由于往生者手中有手尾钱,所以我们请他女儿拿冥纸将往生者手上的钱换下来。在换的过程中,由于尸僵,他女儿感觉自己的手被往生者握住了,原本就很难过的女儿突然大哭,她觉得父亲还有话要对她说。旁边的亲友也靠过来,不断自言自语地跟遗体说话。

一旁的我看在眼里，不知为什么有种不耐烦的感觉。后面还有一大堆人排队，而这组家属因为一般的尸僵，全部挤在这里不出去。

我正要告诉他们后面还有人要进来，突然想到，在我眼中一般般的家属，做着一般般的道别，诉说着我眼中一般般最后的话，可能是他们这辈子的一件大事，可能是丧父，可能是丧偶，也可能是丧子。那一般般的道别，或许是在跟最爱的人做最后的离别。

我开始怀疑，自己是不是对这一切都麻木了。

等到下一组遗体的家属对我说："能不能快一点？"

我告诉他们："等这些家属好好把话说完，这是他们这辈子最后的对话。你们也不差这点时间吧？"

就这样，我在冰库一直忙到下午验尸。验的是什么尸呢？

是前一天，专门开车出去的"老司机"接来的一具腐尸。

孤独死。

关于孤独死，我们已经看到不想看了，因为每三五天就有一具孤独死的尸体。也不奇怪，基本上有家属的通常都简单办，而孤独死的亡者，剩下的家属也不会亲到哪里去。没家属的就成为"长老"，等到排队轮到他后，就火化掉，仿佛不曾存在过一样。

所以老司机接回来后，也不多说就直接冰存，没有仪式，也没有哭泣着舍不得的家属，就这样被我们推了进去。

非常意外，隔天认尸的时候，全家人都来了，来的有老婆、儿女，而且看起来并不穷困。这倒是很令人玩味的事情，因为通常这样的人不会走到孤独死的境况。

验尸前，儿子跟警察说，父亲和他们长期分开住。

他父亲原来是服志愿兵役制的士兵，退伍之后回到家里，可能是不适应，就把军队那一套带回家了。原本爸爸对他们来说是家里的支柱，是穿着军服的大英雄，但是退伍之后，却在家里不断以命令的方式指挥大家，出门要被查勤，回家时间如果跟报备的不一样会被锁在门外，自此后没有正常的生活，整日随时待命，家人都困扰不堪。

在协议下，他们分开住，只有过节才在一起。

一转眼十多年过去了，慢慢地，他们的联络变少，老人家也变得孤僻，就这样死在外面，变成腐尸，死亡一周了也无人问津。

认完尸后，直接用最快的方式处理，几乎隔天就结束了。

旁边一个长辈骂那个儿子，"有那么严重吗？他没有养你们吗？弄得跟仇人一样！"儿子的脸色坏到不行。

旁边的我看了，笑一笑。

有时候，虽然一开始只是小事，但是经过长期精神上的折磨后就会发现，这件小事变成了深仇大恨；又或许也不是什么恨，但一定是一个无法解开的、注定不能同在一个屋檐下的死结。

而那些亲戚没跟这个退伍军人住在一起，没经历过，自然不会觉得这是什么大事。

"有这么严重吗？"永远都是事不关己的人才说得出口。

等到验完尸的时候，大概下午三点多，感觉可以开始享福等下班了，但一通电话打碎了我的美梦。"接体，×× 地区农田旁水沟。"于是我们穿好装备，急急忙忙赶到现场。

到了现场，听到家属一阵骂，"你们搞什么？那么久才来！你们知道这样，我老爸要在水里泡多久吗？你们这些公务员不知道百姓家属的感受吗？"

听了这些话，看看现场的状况，我们问警察："请问鉴定小组说可以移动吗？"

　　警察说："他们离开的时候就说可以移动了，但家属不敢。"

　　看着卡在水沟里的老人家，那个水沟很浅，高度不到膝盖，老人家应该是经过时跌倒撞到头往生的。我们中任何一个人都可以轻松地把他抱起来，但旁边的家属一句接着一句：

　　"小心点！"

　　"那是我爸爸！"

　　"不要再让他受苦！"

　　"快！"

　　"阿弥陀佛，阿弥陀佛……"

　　我心里不禁想：假如在水沟里的是你很重要的人，警察又说可以抬起来了，你会让他在里面多泡那么久吗？

　　我笑了笑，反正这种言语没少听过。

　　终于回到公司，打了卡准备下班，同事们顺便聊一下最近哪里有人被打死、哪里有人上吊、哪里又有腐尸。

　　那些活着的人、死去的人，家属和死者，阴和阳，没少过的抱怨以及无尽的遗憾，夹杂着多少别人人生的故事……

　　这只是我们工作的一部分而已。

家里面谁最笨？付出的最笨

上班的时候，老宅泡了杯老人茶，我买了早餐店的炒面，早上闲着没事干，我们就在办公室里闲聊。

老宅说："之前我有个同事，我看差不多应该有抑郁症。"

我吃着炒面，心中倒是很疑惑。其实我对抑郁症这种东西一直抱持疑惑：假如人一直生活在负面的情绪中，那他到底靠什么活下去呢？对常常可以找到乐子的我来说，这个问题真的无法想象。

老宅喝口茶，接着说："那个女生是我以前的同事，年纪和我差不多，快五十岁了。她很年轻的时候就出来打拼，小时候家里条件不好，要照顾弟弟、妹妹，所以没读多少书。由于要帮忙养家，也不结婚，因为觉得结婚后组成家庭，又是另外一种责任的开始，于是就将自己的人生奉献给家庭。

赚的钱不是给爸妈，就是借弟妹，在弟弟、妹妹结了婚之后也是这样。

"直到某天，她的身体出了点问题，必须常常进出医院。每次看完医生，她都会很虚弱，但是他们家在乡下，所以很希望弟弟、妹妹可以陪她去看；加上看医生要花钱，她就不再想给父母钱，借给弟妹的钱也想拿回一点。

"但是弟妹都有工作，难得休假，而且也要照顾自己的家，没法陪她，借的钱一时也没法还。爸妈可能一直找她拿钱拿久了，虽然晓得女儿身体不好，但知道每个月会少收点钱，偶尔还是会碎碎念。

"她顿时蒙了，不知道一辈子为了家庭是为什么。

"爸妈需要钱，她一个月给自己留几百块的零用钱，其他全部给爸妈了。弟妹要读书，她去纺织厂上班，每天中午不吃，就是要给他们挣学费。小孩要上学，弟弟、妹妹的钱周转不过来，她去标会[1]。

"为什么她有困难的时候，大家这样对她？当初找她帮忙

1　标会，是一种民间集资互助行为，具有筹措资金和赚取利息双重功能，通常建立在亲情、乡情、友情等血缘、地缘关系基础上，带有合作互助性质。但缺乏具体法律约束，操作随意性强。——编者注

的时候，她都是二话不说。为什么现在的她去求人帮忙，而对方没办法以同样的心态对她呢？

"这种情绪越来越强烈，她开始每天在家碎碎念，怨父母，怨弟妹，怨老天，怨自己……直到最近，精神好像出了问题。"

老宅说到这里，问我，"你怎么看？"

我吃完炒面了，正要喝排骨汤，想了想说："我觉得是她不对，她自找的。"

老宅一听，低声说："我也是这样觉得。"

排骨汤喝完了，我拿出两个家属给的菜包，边吃边跟老宅说：

"我觉得付出就是要无怨无悔、不求回报。我一直觉得每个人来到世上，都有自己的功课，要把自己的功课做好，才能去帮别人写功课。而每个人拿到的功课是不一样的。

"有钱人拿到的可能是一加一等于多少，我们拿到的可能是加减乘除又开根号。不必替别人去想答案，要专心做好自己的题目。

"爸妈带我们到世上，我很感激，在我能力范围之内，我照顾爸爸，也对我妈不错。妹妹和我虽然是手足，但是她们的功课都要自己做。我两个妹妹都高中毕业而已，大的后来开美甲店，结婚了，生了两个小孩。

"小的现在也混得不错，跟我一样单身宅，我们三不五时会去网咖。我们很少过问对方的私生活或工作，因为虽然同在一个屋檐下，但是我们知道自己的生活要自己过。"

说到这里，菜包吃完了，我到置物柜里拿出薯片，指着黑板继续说：

"你看看上次出殡的那位，家属在礼厅前面吵架，女儿一直骂大嫂：'我爸是不是你害死的？你为什么要杀了我爸？'第二个儿子也在骂大哥：'早就说要送去养老院，就你们家不同意。你看，被你们照顾死了吧？凶手，你们是杀人凶手！'

"大哥看起来很自责，大嫂欲言又止。但是死者为大，到了殡仪馆就应该什么事情都放下，而不是再起争端，有何冤何仇，就让它在这里结束好了。

"但女儿还是很生气，后来跑到法院按铃申告，原本往生者准备退冰净身了，又被拉去解剖，看好的日子、准备好的棺木，都得延后。"

最后那个大哥终于发飙的情形，我还清楚地记得。那时，

大嫂在冰库外面对小姑说：“何必呢？我跟你哥也是用心照顾呀，何必还要让老人家开刀呢？”

小姑回：“你还敢说？谁知道是不是你们害死的！”

突然间，大哥一个箭步往前，一个大巴掌打在妹妹脸上。

“当初说爸爸对我们那么好，要救爸爸的是你，带回家没几个月就在那边叽叽歪歪，说夫家觉得不好，自己也有家庭，不方便照顾，然后送他回来。我早就说不要急救，让爸爸好走，就是你们这群虚伪的垃圾！假正经！救了又不照顾，每个月丢点钱来让我养！”

然后，他指着弟弟说：“还有你，有几个钱了不起吗？每个人都跟你一样会赚钱吗？你知道放养老院一个月多少钱吗？你知道我一个月赚多少，我家有几口吗？送那里我负担得起吗？你不愿意多出一点，又在那边骂。你们每个月给的钱我都用在爸身上，一分一毛都没拿你们的！”

弟弟、妹妹都无法回话。

“你们有没有想过我们每天在家都提心吊胆的？有没有想过半夜他咳嗽，我们全家都被吓醒？有没有想过为了他，我跟你们嫂子都没有自己的生活了！”

大哥几乎是在喊了。

“谁希望爸爸走？谁？到底是谁？就死的时候你们出来

哭，活着的时候我全家都在哭。什么兄弟姐妹，说好的一起照顾，钱最大是吧？大不了我这条命赔给你们！"

●

一个家庭就是这样，只要有个责任感重、想要付出的人，久了之后，大家都觉得那是应该的。所以家里面谁最笨？付出的最笨。

●

这时候，我的薯片吃完了，叫的外卖也到了。

不孝

每当小胖我和大胖值夜班的时候，总会在半夜一起享受美食。今天，我们要吃的是泡面。

泡面对我们来说很有挑战性，就像人们常说的世事无常，不知道何时会有人往生，也不知道何时会有人被送进来，所以泡面的时间是最难掌控的。偏偏我们常常一整晚没事，可是等泡面一泡，便当一热，事情就来了，而且事情一来，起码要花三十分钟解决。所以，想在这里上夜班时吃到完美的泡面，并不是那么简单的。

●

隔天是个"小日子"，刚好今晚也没什么人做七和诵经，我和大胖算了个吉时，打算时间一到，就像白天的师父一样喊一声："吉时到，大力盖泡面！"

谁知道，这时候来了一个看起来很凶恶的先生，幸好我的面还没泡。

这个先生我记得，前几天他父亲被送过来的时候，刚好就是我接手。为什么我会对他有印象呢？因为他们家委托的葬仪社人员常常来这边说他坏话。

"我跟你说，现在的年轻人呀，不懂什么叫孝道。像我那天接的案子，那个二儿子引魂不来、做七不来、功德不来，自己的爸爸往生都这样。要叫他买什么，一下这个可以省，那个可以不要。幸好这个家不是他做主，不然丧事这样做下去，一定很糟糕，一定笑死人。想省着办丧事可以，但是古法不能废呀，不然大不敬。"

我没厉害到什么习俗都知道，所谓"一庄一俗"，每个地方、每个家庭或每个家族都会有不同的办丧事方法，没有什么一定是对的，但大致上都说得出一个道理。我对什么礼俗之类的一直抱有问号，认为只要有缅怀的心，其实丧事可以办得很简单。

这个不肖子这么晚来干什么？我和大胖满脸问号。

只见那张凶狠的脸配着并不凶狠的语气，问："今晚我可以在这陪我老爸吗？"

我看着他，跟他说："开礼厅要收费，但在门口不用，需要的话我帮你开。"

二儿子摸摸口袋，只剩几百块，笑笑说："不用。"

于是我们就不理他，任由他自己在那里守灵。我们也是见怪不怪了，反正他不是第一个这样做的人。

我跟大胖商量，先不要泡泡面，晚点等他睡着再说，不然被看到不太好。大胖也觉得身为一个专业的警卫，还是不要在有家属的地方吃泡面，于是我们在巡逻之余，顺便看一下这小子什么时候会睡着。

第一趟的时候，我们看到这小子拿了那几百块去买烟、酒和槟榔，摆在礼厅外，面向他父亲坐在那里。我心里想：哎哎哎，大哥，才刚开始，你好歹跪一下吧！

他看着我们似乎不以为意，点点头向我们打招呼。

之后第二趟、第三趟，都看着他喝喝小酒、吃着瓜子，在那里好像跟人聊天一样。我看得心里有点怵，就问疑似有"特殊体质"的大胖："哎，你看得到他跟谁聊天吗？"

大胖眯了一下眼睛，问："你是说那个吃瓜子、喝酒的，还是旁边那个穿红衣服……"

算了算了，还是不要问他好了。

　　等到第四趟的时候，这个老大哥还很有精神地坐在那里。我看了一下时间，凌晨三点半了，再不吃泡面，早上又要忙着开礼厅了。

　　我对大胖说："不如等一下我们泡泡面好了。"大胖点头如捣蒜，管他什么专业保安，老子我快饿死了。

　　第四趟结束后，我们就开始泡泡面。但是，吃泡面不能不配饮料。

　　"哎，大胖，你那边还有麦香吗？"

　　大胖白了我一眼，说："没了，最近都没补货。"

　　我心想：对哦，之前如果遇到很可怕或很难的案件，我都会请大胖喝麦香，传递好运给他。但最近吉星高照，早上起来都听到喜鹊在叫，没有什么案件，自然给大胖的饮料就少。仔细想想，好像很久没拜土地公了，还挺对不起大胖的。

　　于是我说："不然这样好了，你看着泡面，我去贩卖机买饮料。记得，不要让面泡烂。"

　　大胖点点头说："放心，我绝对不会让面烂的。"

　　于是我去贩卖机买麦香，刚好贩卖机在礼厅的前面。就在我投零钱的时候，听见有人在哭，我往哭声的方向一看，发现那个先生趴在那里哭。

　　看着满地的酒瓶、烟屁股和一个痛苦的人，我原本想买完饮料就走，但还是忍不住去跟他说了几句："先生，快到早上了，你需要稍微清理一下哦，我们的清洁工没那么早来，而且你爸的告别式很早呢。"

那先生一愣，想不到我会叫他扫地而不是安慰他。我心里想：你哭你的，早上地板脏的话，我会被你家人骂哭。家家有本难念的经，哭完快睡吧。

只见那个先生一直道歉，但是道歉的同时却向我走了过来，一只手勾着我的肩膀，然后开始给我讲故事："你知道吗？"

我心想完了，一个很长的故事开头都是："你知道吗？"我的泡面快泡烂了。

那个先生根本不管我不想理他的眼神，说着他父亲。

"我爸呀，常常说我跟他最像，不管是长相、行为都一模一样，还常常告诉别人，我家老二一看就知道不是偷生的。他生前也最疼我，我们两个就常常这样一起吃槟榔、看新闻、骂当局，一直以来都是这样。

"现在他走了。他走的时候，我很难过，我真的很难过，我甚至不敢来见他最后一面。就连他因癌症日渐消瘦的时候，我也不太敢看他。他应该很难过吧，为什么他对我那么好，而我却不敢看他最后一面，陪他度过那段最难过的日子。

　　"其实我怕，我真的很怕。他曾经是我的英雄，是教过我许多事情的人。小时候把我放在肩膀上的巨人，突然间变成了一个骨瘦如柴的老头。我看着他的眼睛，好像总是在说'救救我，救救我'，但是医生说没救了，我又能怎么救？直到他走后，到现在，我还只敢看他的照片。我很懦弱吧？

　　"之后办丧事时，我很生气。为什么老爸最爱吃肉，你们却给他拜素的？他生病的时候只能插鼻胃管喝牛奶，现在死后，你跟我说要吃素跟着佛祖走？为什么他平常最爱喝酒、抽烟，你们死后不给他拜烟、拜酒？为什么一个无拘无束、热爱自由的人，他死后要用一堆规矩来约束他，约束我们？难道拜那个刻名字的木头会比我们真心想念他更有用吗？我不懂。"

　　我听了笑一笑，对他说："我爸也是呀。我爸生前很爱赌，我每天都买几张刮刮乐放在他的饭下面让他刮，但那些刮刮乐也跟他生前的运气一样，什么奖都没中。现在他被放在一个佛教的塔里，其实我也觉得他很可怜，生前不信佛，死后被抓到那边天天听佛经。幸好我不会被托梦，不然他一定亲自来掐死我，找我一起听。我去拜他的时候，都偷偷在素的饭菜下面放鸡腿，还有粽子，我们都用荤的假装素的去拜。还有……"

这一夜是平安夜，这位先生或许是我唯一的客人，我们这样谈天说地，一个是醉得胆子大了，一个是醒着假装醉了，怪礼俗，怪制度，怪大家都认为你应该怎么做才是一个孝顺的儿子。但是在我们心中还是觉得，不论如何，只要自己能问心无愧就够了。

这一夜聊得很快乐，但是还不到早上，这个先生就说："我要先走了，等下他们就来了。我看到他们就讨厌，不要跟他们说我来过。"

虽然很不想这么讲，但我还是跟他说了："记得要打扫一下。"

回到办公室，我看着手中的两瓶麦香，觉得自己好像忘了什么。看到我的好兄弟大胖在办公室里，桌上有两个空泡面碗，大胖跟我说："我没让你的面烂掉，我趁它还没烂的时候吃完了。"

好兄弟！我果然没看错你。这几天不给你"补点货"，就换我叫大胖。

　　早上我开礼厅时，那一家的家属和老板也来了。

　　"你们那个老二要说一下呀，告别式都不来，这像话吗！有这样当儿子的吗？"葬仪社老板不断地碎碎念，家属只能苦笑着说，能劝早就劝了。

　　我开完礼厅，准备下班了，走的时候经过礼厅，好像听到那群瞻仰遗容的家属说着："咦？爸怎么在笑呀？"

保险死

    我们接到一个任务：去一个村子，把一位老奶奶接回来。

    老奶奶独居，但是跟左右邻居的关系很好，村长也很关心她，大概每隔三天去她家看一次，平常社工也会去关心她。奶奶九十多岁，丧偶，小孩长大娶嫁后就住在村外，大概过年才会回家一趟。

    平常，老奶奶很喜欢和邻居的小朋友玩。小朋友有时做错事怕被家里骂，就躲在奶奶家里，附近邻居到奶奶家抓人的时候，奶奶多少都会说一下情。要不就是小朋友肚子饿了，到奶奶家拿小点心。总之，奶奶在这村子里如同吉祥物一般。

    她总是喜欢一大早起来，坐在破旧三合院的门口，跟大家打招呼。也有邻居说，她是在等儿女带孙子回来。

    但是，人都会老，老了都会死。

有天，村长像往常一样到奶奶家关心老人家，却发现她倒在床边，没有呼吸了，于是给我们打了通电话。

我们到的时候大概是中午，原本想简单处理，装好尸袋后带回殡仪馆，让她在那边好好休息就好。但是这次不一样，现场警员对我们说："地检署和法医说要现场验。"

我们一听吓到了。莫非是凶案吗？

在这里跟大家解释一下，有时候验尸会有区别。没什么疑虑的话，基本上都是等鉴定人员拍完照，然后载回殡仪馆等待相验。假如是在乡下比较偏远的地方，遗体放家里，就在自宅相验，隔天法医和验尸官会去丧家。

有一些是明显意外、紧急情况的，鉴定小组会请我们赶快处理，然后他们到殡仪馆再拍照，法医可能当天晚上或隔天一早来验，比如遇车祸、火车辗毙或闹区"小飞侠"（跳楼）。

不是没有现场验的，但比较稀少，一般来说，多数凶案需要现场验。

后来据说，是因为这组验尸人员下午会经过这里，就想顺便现场验了。我们没关系，就在旁边等，但是看着这纯朴的乡下，左右邻居看起来都是老实人，老人家家里看起来也没什么好偷的，真不晓得为什么要现场验尸。

就这样，从下午一点等到四点多，等到小朋友都下课了，等到三姑六婆都回家煮饭了，等到农忙的农夫都从田里回来了，但是呢，现场的民众都不能离开，因为验尸官还要问话。大家都等得不耐烦了，而且现场还有一股奇怪的气味。

我们倒是习惯了，毕竟验尸时不知道会发生什么情况。我们担心的是：遗体一直在房间里放着，不会怎么样吗？

直到大概五点，他们终于来了。于是我们戴上手套，拿着剪刀上工。为什么要带剪刀呢？因为验尸的时候要把衣服全部剪开，看看有没有外伤。

我们进屋一看到奶奶的脸，都吓傻了，奶奶的脸上有一条一条的痕迹，法医一看，说："啮齿类动物咬伤……"

唉！果然放得太久，房屋又太老，被老鼠咬了呀……

村长一听，眼泪掉了下来。

不是我们袖手旁观，是一切都要合程序。假如真的是被抢劫后杀害，我们乱动遗体会影响鉴定，只能默默地配合。

验完尸之后，我们到屋外准备了一个简易的问话位置，从破旧的三合院里移出一张大铁桌和几把椅子。村长看了后摇摇头说:"怎么可以让验尸官坐那么烂的椅子呢?"

他指着外面的一把大椅子:"这把拿去给验尸官坐。"

我们就照办。

后来验尸官请一堆村民来问话。

"亡者生前交友状况如何?平常都在做什么?最后一次看到她是什么时候?"

村民A:"老奶奶生前都没出过门呀,她这刚走没多久啦,平常只跟我们这些邻居闲聊,生前最喜欢坐在椅子上晒太阳,就是你现在坐的这把椅子呀!然后……最后看到她是今天凌晨我要去田里忙的时候,那时候我看到她坐在这把椅子上,还笑着跟我打招呼呢!"

验尸官一听,屁股挪了一下。法医"咦"了一声,我和老司机在旁边听,也跟着"咦"了一下。

验尸官转头问我们,"哎,你们不是说昨天晚上就往生了吗?"

法医和老司机互相看了一眼,法医问:"老司机,你接过那么多,这个几天了?"

老司机说:"法医老大,这个至少一天了,没看尸水流成这样,怎么可能早上见过?"

法医也觉得奇怪，这个照理应该是昨晚往生的呀。

然后继续追问第二个、第三个村民，都是一样的答案。

验尸官的腰可能不太好，问到第二个人就离开了那把大椅子。

早上忙农活的农夫、当地的婆婆妈妈和小朋友，都统一口径说："老奶奶像平常一样，在椅子上挥挥手，笑着跟我们打招呼。"

法医也感到不解，但是邻居们的口径都一样。奇怪归奇怪，假如家属没什么疑虑，也没有遗产问题，一般来说不会解剖，只好先送到殡仪馆。

隔天家属来的时候，我们就如同往常一般开冰库让家属认尸，或许是由于脸上的齿痕太吓人，家属才看一眼就说："没错，这是我家的老人家。"

法医问他们："对老人家的死有疑虑吗？"

家属回答："没有。"

法医说："那就不解剖了哦！"

家属说："就让老人家好好地走吧，不要再让她开刀受苦了。"

法医正要离开的时候，突然问一句，"老人家有保险吗？"

家属们面面相觑，没有人知道，后来其中一个女儿说：

"我帮她买了,有什么问题吗?"

法医说:"意外死、自然死和自杀、凶杀,都与保险赔偿金有关。你们要不要讨论一下?"

法医继续往办公室走,但他还没走到办公室,讨论结果就出来了。

"小胖,准备一下,两天后解剖。"

●

原本事情就这么结束了,直到某日我们和老司机闲聊,提起这件事,老司机小声地说:"其实后来我们调了那里路口的监视器……"

我抽口烟,问他:"然后呢?"

老司机想了想,说:"椅子在,大家都没说谎,她都打招呼了……"

我接着问:"老人家呢?"

老司机诡异地一笑,说:"电话来了,我去工作了。你想想,真的有可能只往生几小时吗?"

我想了想,我不相信她只往生几小时。

但,我也不信有鬼。

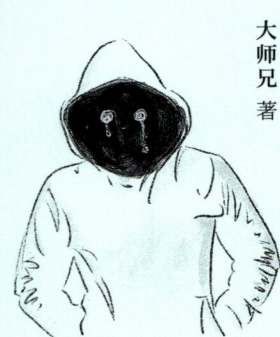

大师兄 著

比句点更悲伤

死亡是句点，但在句点之前或之后
笼罩在绝望下的故事才是真正的悲伤

ZITO
紫图

的殡葬业的马克·吐温

是殡仪馆的接体员，也是一个肥宅和单身狗。

："大师兄，为什么你有那么多朋友，有那么

笑笑没说话。

多，但是不会说话的他们都很有故事，也许

好事，而这些事是一本书写不完的……

："你为什么喜欢在殡仪馆走来走去呢？"

："常常来这里，就知道自己过得多幸福。"

为什么要在意别人的眼光、别人的期待、别

，不带遗憾进棺材！

张大春

作家、书法家、评书人

我多年以前的两句歌词："寂寞只是一个句点，围成剩下自己的圆圈。"当时为赋新词，以为理解了人生的寂寞，殊不知对于寂寞的体会，非有对他人——尤其是陌生人——亲切的慈悲与关照不可。大师兄的书，正是出自这样难能可贵的情怀。

余世存

诗人、思想家、作家

这本书讲了很多生和死的故事，是一部很及时的生死救赎书，超出一般人的阅读期待。作者是当今宅族一员，他的多重视角帮我们修正并完善了生者和往生者的意义，读者一定受益。

胡赳赳

作家、著名媒体人

中国人向来缺少生命教育和死亡教育，更不用谈临终关怀。我读大师兄《比句点更悲伤》，如受电击。收尸人亦是枯僧，视人世如中阴，才有恬淡、日常的讲述——内里却是一部真经，我愿意私下里敬称它为《死法》。

由衷希望在防疫期间，
我们是生意最不好的一个行业

　　这阵子，只要看电视，总会让人替这个世界感到忧心。对于我们这行来说，没有事情就是好事情，生意不好就是社会好。但是看到电视上全球这样的疫情，还是会让人感到忧心。

　　看到那些辛苦的医护人员，努力地对疫情把关，每天不辞辛劳地站在第一线，有时候还要全身包紧紧，甚至还要穿着纸尿裤来工作，看了都令人觉得心疼，好想跟他们一样努力做些什么！但是我们这行，假如需要出动的话，那就一定不是好事呀，所以我们留着防护衣，希望自己永远不会用到它，也希望不会有一天接到电话，叫我们穿着那些衣服出动。

死亡数字天天都在电视上显示着，对于很多人来说，那只是一个数字，告诉大家现在局势有多险峻，疫情有多严重。但是，对于我们殡葬人员来说，那并非一个数字，而是一个家庭中，一些成员的消失。

尸袋里所装的，对电视前的我们来说，就是一具尸体，但对现场人员来说，那里面可能是别人的丈夫、老婆、孩子、父母，那些最重要的人。

火葬场出来装在罐里的，对于别人来说就是骨灰而已，但是对于亲人来说，那都是一个个悲伤的故事，只能抱着它们说出来不及说的话，只能摸摸那冰冷的罐子，得不到任何回应。

无法想象在现今的社会，居然还会遇到如此大的浩劫！找不到任何字句可以形容自己看到电视上那些往生数字的心情。

看着我们准备的一箱箱尸袋、一件件防护衣，由衷希望在防疫期间，我们是生意不好的一个行业。

各位辛劳的第一线人员，这次让我们当一次米虫，你们辛苦点，你们是最伟大的一群，由衷地感谢你们，加油！

刘嘉

美国麻省理工学院脑与认知科学系博士

教育部"长江学者"特聘教授

《最强大脑》科学总顾问

孔子说,"未知生,焉知死";《黄庭经》中说,"生死之间有大恐怖";庄子说,"鼓盆而歌,敖然自乐"。回避、恐惧、欢乐,这背后都是把死与生对立。其实,死是生的一部分,并因为生而永存。《比句点更悲伤》所记录的殡仪馆的故事,不仅让我们认识死、接纳死,更重要的是向死而生,活出意义。

海蓝博士

情绪管理专家
《不完美，才美》系列图书作者
海蓝幸福家创始人

人最深层的恐惧是死亡。意外常常不期而遇。逃避不会化解，只会以紧迫、害怕和压力呈现在生活的方方面面。所以每个人都必须面对和思考：怎样离开这个世界，怎样使自己不留遗憾、活成自己想要的样子。

刘春

著名媒体人

通过死亡，我们或许会触摸生命的核心奥秘。

小引

著名诗人

《来自疫区武汉的消息》记录者

死亡随时可能降临，和诞生一样，无声无息，又匆匆忙忙。身处其间的我们，该如何面对这花团锦簇下的生死离别？灾难与日常，平凡与伟大，大师兄的这本书从最朴素的地方下笔，记录了我们每个人都会面临的那一刻，当我们转身离去，留下来的到底是什么？

想 听 你 说

《比句点更悲伤》
给你一剂治愈心灵的良方

亲爱的读者，如果这本书让你或感动、或释然、或醒悟……请不要把这份珍贵的感受隐藏起来，紫图图书诚挚邀请您分享本书的读后感，参与者均有机会获得暖心礼品。

活动详情

1　活动时间：即日起至2020年9月30日

2　内容格式：一张或多张图书实拍图＋读后感
　　（文字需100字以上，如录制视频则不短于30秒）

3　参与方式：

　① **当当、京东、天猫**（《比句点更悲伤》读者评论页面）

　② **微博**（请加带话题#比句点更悲伤#并@紫图图书）

　③ **豆瓣**（图书相关页面长书评位置）

　④ **小红书**（请加带话题#比句点更悲伤#并@紫图图书）

　⑤ **抖音**（请加带话题#比句点更悲伤#并@紫图图书）

　您可在以上大众媒体平台（任选其一）发布原创书评。

4　开奖时间：2020年10月20日，由紫图图书官方微博（@紫图图书）公布全平台所有获奖者名单，并按顺序联系各平台获奖者发放奖品，敬请关注。

5　温馨提醒：开奖前请勿删除晒书评论，否则抽奖结果无效。

暖心回馈

在各平台参与活动的读者，按点赞数从高到低获得礼品。各平台同一ID若发布多篇，只选取点赞数最高的一篇计入统计；如不同ID的点赞数相同，则并列获奖；数据由紫图图书统计，具体如下：

　① 1-20名的读者，可分别获得现金奖500元（一次性发放）。

　② 21-70名的读者，可分别获得《昆虫记：全译插图珍藏本（全10卷）》图书一套（价值399元）。

　凡参与活动的读者，均有机会获得人生哲思小书《人间值得》1本（价值49.9元，共计200本），由紫图图书随机抽取。

生命，因为离开而变得珍贵，因为珍贵而要加倍珍惜。
我们相信，就算你有过晦涩的理由，看完这本书，也会更加珍惜生活，
因为——活着的每一天都很珍贵。

扫一扫，关注
紫图图书微信

棺材里面装什么？

一般是说装死人，不装老人。

如果我是丧家，我希望棺材里面装的不是我亲爱的人，

而是我。

她最无助、最需要你的时候，你看过吗

常常听到有人问："假如妈妈和老婆掉到水里，你会先救谁？"

我当看护的时候，遇到过一个很可爱的奶奶，我第一次看到她就被她叫人的方式吓到了："哥哥，帮我拿水。"

奶奶看起来没有九十岁也有八十岁，但逢人就"哥哥""姐姐"地叫。身为好奇宝宝的我问旁边的看护学姐："为什么她会这样叫人呢？"

于是我们边工作，学姐边解释……

原来，这个奶奶刚被送来时不是这样的。她刚来的时候常常闹脾气，动不动就丢东西，总是说自己的儿子很忙，只

是没时间照顾她，所以把她送过来，不是不要她了。她说她儿子很会赚钱，很有钱，不缺这点钱。

原本她儿子大概两周来一次，后来一个月，后来三个月，后来不来了，每个月都是缴费时钱到人不到，再也没来看过妈妈。

奶奶从此就变成这样了，"哥哥""姐姐""请问""麻烦您"，开始谦卑、谦卑再谦卑，因为她知道她儿子不会再来了……

我一边换着另一床的尿布，一边回头看那个奶奶。原来那么客气的人，有段这样的过去，真是令人意想不到。还好我是在这个时候遇到这位奶奶。

我当看护的时候，就怕遇到爱耍脾气和即将失智的老人，而不是躺在病床上的老人，理由跟我后来在看护和殡仪馆之间，选择殡仪馆的原因一样：需要沟通的人总是比较麻烦。

谁知道我来了没几个月，这个乖乖的奶奶就开始慢慢退化了：半夜常常二十分钟按一次服务铃；明明尿布是干的，却觉得自己把它尿湿了；常常忘记吃饭；总觉得有人偷她的卫生纸。她的坏脾气也慢慢起来了。

　　有一天晚上，我推她去散步，她指着窗户，骄傲地告诉我："我儿子在那栋楼里面。"

　　我看着窗户，外面满满的高楼，但还是敷衍她一下："哇！好棒哦。奶奶，我们不要散步了，回房间睡觉好吗？"

　　奶奶继续指着窗外，说："你看，以前我住在那里，破烂的房子。我老公走得早，我一个人把儿子养大，希望他能赚大钱、住大房子。我不断工作、不断工作，让他读书，让他补习，让他上大学，让他上研究所。

　　"他毕业后没多久就买了大房子，真的好大、好漂亮，有一把很大、很舒服的椅子。我记得他告诉我：'妈，您不要再上班了，我养您。'值了，一切都值了，他长大有出息了。

　　"然后就是娶妻生子。好了，我也没对不起老公，我们家有后了。可是那个媳妇呀，唉，那个媳妇呀……为什么我养我儿子那么大，他什么都听他老婆的？我儿子应该要听我的呀！没有我的付出，能有现在的他吗？"

　　老人家伸出手，满满的厚茧。我一看就哭了出来，因为她的茧和我外婆手上的一样，那是一种勋章，一种为家庭付出的勋章。每当我看到外婆的厚茧，看到外婆因为当年在田里插秧造成的驼背，我都会偷偷掉眼泪。

　　奶奶比我坚强，继续说："他说好送我过来后会天天来看

我，可是每次都说自己忙。我请护理员给他打电话，他说赚钱重要、赚钱重要。对，你小时候，我也是跟你说赚钱重要，但是我赚钱的时候有冷落过你吗？我会因为赚钱不关心你吗？你说呀！你说呀！"

此时窗前只有我和奶奶两个人，我有一种冲动想抱着奶奶，对她说："奶奶，对不起！"

但是下一秒却听到她说："还有，我房间的卫生纸是不是你偷的？我就知道你们这种擦屎的手脚不干净。你说呀！是不是你偷的？"

我把眼泪擦了擦，说："奶奶，你再不回去睡觉，其他人我都不用照顾了。不然叫你的有钱儿子请个人来看护好不好？这样就有人天天陪你哦。"

"好呀，我儿子很有钱，等等我打电话给他。今天星期几呀？我儿子周六会来看我哦。"

我看着奶奶房间里一直都是周五的日历，我将她的尿袋挂在我的腰上，然后把她抱上床，指着那张日历说："奶奶，你先睡，你儿子明天就来。"

那时候奶奶的笑容，我到现在都还记得，那个笑容也曾出现在我外婆的脸上，就是我出第一本书的时候，那种既骄傲又期待的神情。

　　我离职时，找了很多和我很熟的老人家拍照，奶奶就是其中一个。拍完之后，我指着奶奶脚上的袜子说："奶奶，这是我送给你的礼物，你看到了要想起我哦。"

　　奶奶却回我，"胡说，这是我儿子送的。"

　　我不禁又流泪了。几周前，奶奶的最后一双袜子破了，护理员给她儿子打电话，请他送袜子来。她儿子说："我很忙，不然你们帮我买，钱我再跟你们算。"

　　我听了很不爽，隔天带了一双袜子给奶奶，跟她说："奶奶，你儿子给你的哦，漂不漂亮？他没时间拿过来，请我帮忙拿给您。"

　　奶奶笑得很开心，等到我把那双袜子放到她的柜子里时，发现她多出很多袜子。一开始我还很高兴，说不定是儿子真的来看她了，却听到后面八卦学姐的笑声："你以为只有你一个人关心奶奶吗？"

　　怪不得常常有人说，做长期照护的人是做功德的，果然每个人都有一颗这样的心。

　　我到殡仪馆之后，有一个很坏很坏的习惯，时不时会用电脑查一下以前很熟悉的爷爷、奶奶的名字。

　　这样做，在一般人眼中很不吉利，但我希望在他们走之后，还能帮他们上个香、换个水，无偿都没关系，因为我很在乎他们。

　　随着日子一天一天过去，我的名单也一天一天减少，然后这天还是到来了。

　　奶奶走了。

　　但不是她一被送来我就知道，而是某天我突然想起她，想起那双袜子，就查了一下她的名字。查到的时候，我的心情很沉重。我希望不是她，她应该长命百岁地活着；但也希望是她，早点走了吧，不要再等那个永远不会来的儿子了。

　　那天，我进了冰库，朝那个柜号拜了一拜，心想：不管是不是，之后我会连续三天来烧香的，希望不要介意我的不礼貌。把尸袋打开后，我笑了，开怀大笑，笑到眼泪都出来了。

　　"奶奶，您过得不错哦，还变胖了呢！"

　　奶奶的丧礼很简单，一个礼拜就办完了，而有钱的儿子只在第一天来过。我看了一下电脑里的记录，发现奶奶连死后诵经都没有，直接就是订礼厅。

　　出殡的前一天，奶奶化完妆之后，看起来精神了许多。

　　放入棺木一起烧的一般都是新衣服，我看了看，居然还有我送给她的袜子。

　　当她的遗体被推去礼厅的时候，我看着礼厅正中间那个大大的人形广告牌，那是奶奶年轻时候的样子，一个勇敢、坚毅的妇女，庄重严肃。或许那是她儿子对她最后最好的印象。

　　我打开手机，看着那个跟我合照、比着"耶"的老人，我很想把照片洗出来，放在她灵前。

　　"这是她最无助、最需要你的时候，你看过吗？"

不"被"希望存在的人

有天下午，我听同事老大聊起一位殡仪馆老板的往事。

某年，那位老板接了一件案子，电话另一头的家属说他们的母亲往生了，需要一辆殡仪车，于是老板就开开心心地去做生意了。

老板到了现场，发现那个地方很诡异：一间凌乱的套房，一个大口大口喘气的老妇人，一个在床旁哭泣的中年人。

虽然诡异，但老板也不是没见过世面的，直接问那个中年人："电话是你打的吗？"

中年人点点头。

"那往生者呢？"

中年人看着床上还在喘的老妇人，说："再等一下……"

老板的怒火直往上冲，一句三字经差点骂出来。但是看看床上的老妇人，还是压住怒火说："先生，有担当一点好不好？这时候应该送医院，而不是先叫我们来。就算要叫，也等不喘气了再叫吧。"

中年人木然地看着老板，说："担当？我照顾她十多年了，你告诉我我没担当？我老婆照顾她照顾到跑掉，你跟我说我没担当？我这几年存不到钱，还要常常跑医院，你跟我说我没担当？"

老板摇摇头，大喊晦气，决定离开，这趟算是扑空了。

隔天，他接到一模一样的电话和地址，但是过去的时候，已经可以收尸体了。运送尸体回殡仪馆的路程中，接运车上除了佛经，还有中年人一声声的"对不起"。

听完这个故事，我内心唏嘘。老大本来要再补充一个故事的，这时候，电话来了。

●

这次是在自宅，往生者是病死的，跟他同住的是他的两个兄弟，但是往生者已经死亡超过一天了。重点是，那几天他们除了上班，其他时间都在家。

我们到了现场觉得纳闷：你们都住在同间屋子里，为什么家人往生超过一天，你们不知道？

现场鉴定小组先开问了："先生，你多久没看到你哥哥了？怎么现在才发现？"

弟弟说："我们虽然住在同一间屋里，但是没什么联络，各过各的。是医院通知我哥哥没去洗肾，我去敲他的房门，打开房门后才发现他死亡的。"

鉴定小组又问："你们平常都不说话吗？也不一起吃饭？你们都没有话聊吗？"

弟弟指着满地的便当盒、塑料瓶和垃圾说："他就跟废人一样，整天不工作，住在这里，动不动就伸手借钱。房子当初是爸妈登记给他的，不给他钱，他就吵着要把房子卖了。我们两个也过不好，又没办法搬出去住。他还有一个女儿，生了不养，都是我们在帮他养。平常一开口就是要钱、要钱，他不跟我们说话就谢天谢地了，我们怎么可能跟他讲话！"

我们看看环境，看看那个弟弟的衣着和外观，再看看往生者电脑屏幕上的某个在线赌博游戏，叹了一口气，把往生者从三楼抬了下去。

隔天验尸的时候，往生者的女儿也到场了。当我们告知相验要请殡仪馆的人时，几个家属互相看了看，问："多少钱？"

我告诉他们，相验行情大概一个人一千，需要两个人。

想不到他们给我一个意外的答案："大概要怎么验？"

我想了想，告诉他们："翻翻身，把衣服剪开，看看有没有外伤。"

他弟弟说："这么简单？你可以借我剪刀，我自己验吗？"

就这样，他们一家子就在验尸室里自己验了……

等到结束的时候，地上都是往生者的衣服碎片。我问他们要不要拿件衣服帮往生者穿上，他们说不用。往生者就这样一直光着身子，直到出殡。

当天下班后，我去市场买菜，看到前面的摊子有个人在买火锅料。摊主说："大哥，你今天买的菜比较多哦。"那个人说："家里有喜事，要庆祝一下。"

离开市场后，我想了想，那个身影……咦？有点熟悉……

棺材里面装什么

暑假一到，意外就多，而且更令人难过的是年轻生命的流逝。

这天，一个老奶奶来到我们冰库，看到我在外面，朝我点点头，我二话不说就打开了冰库门，带她去某个柜号。她从一开始的难过、悲伤、无法接受，到现在的一句："这是她的命呀！"我想，老人家应该已经释怀了吧。

孙女脸上盖着毛巾，身体披着往生被。听奶奶说，这孩子的爸爸还在蹲监狱，妈妈早就跑掉了。孙女很听话，真的很听话，高中时考上了理想的大学，接着就打工——到这里，剧情仍无聊平淡，了无新意。各位看官不妨想想接下来会发生什么事情……该不会是车祸那么狗血吧！

还真的就是这么狗血。

　　而那个妹妹并不像肥皂剧里一样失忆或交换灵魂，或者头发上包了一大包绷带，而是头骨碎裂、脑浆溢出、全身多处骨折、脏器外露。

　　这里是殡仪馆，不是动漫，不是游戏，不是连续剧，没有重来，没有存档，不能起死回生。有的是悲哀，有的是早知道，有的是还没说出口的爱、感谢以及对不起。

　　"小珊呀，奶奶来看你啦，你有没有好好的？奶奶好想你呀。小珊呀，下辈子要好好过哦。唉！早知道就不让你打工了，奶奶还可以赚钱。为什么你那么会想，为什么你不跟平常的小孩子一样，毕业了好好去玩？唉，这叫我怎么跟你爸交代呀！小珊呀，今天奶奶带你的毕业证书来，等等烧给你，好吗？小珊呀，对不起，奶奶对不起你，奶奶好想你呀，小珊呀……"

　　这种内容，加上是奶奶说出来的，带着那颤抖的声调，我听了实在受不了。我转过头，不听她说话。

　　她手上拿着今天去学校帮孙女拿的毕业证书，跟孙女话家常，而我连告诉她探视时间到了的勇气都没有，只能等她说完话，对她说："节哀。"然后扶着她走出冰库。

　　出了冰库，老人家看看旁边棺木店送来准备入殓的棺木，

问我:"棺材里面是要装什么?死人,还是老人?多希望里面装的是我,我不必那么痛苦,而她也有她的大好前程……为什么老天带走的是她?为什么?"

而我不知道该说什么。

这位往生者一共被冰冻了九天,九天中,奶奶每天都到,看起来一次比一次老。等到孙女要出殡那天,我感觉老人家更老了。

我回想起护理之家有个奶奶,她行动不便,但也并不是没办法下床。她可以走,只是下盘不太有力,医生建议她最好坐轮椅,并且每天必须下床走几分钟。

这位老人家很有趣,她家里很有钱,但她十分爱偷东西,都是一些无伤大雅的东西。譬如在吃饭的时候,她不用自己的卫生纸,偷偷用别人的卫生纸。每个看护或护理员都有自己的推车,推车上有很多东西,像纱布、棉棒、双氧水和绷带等,她老人家有事没事就去偷拿一些,然后被抓包了就生气,一下子哭了起来。

"我住在这里一个月付那么多钱,拿一点这些东西又怎么样!大不了,我叫我女儿来付钱嘛!"

不然就是："我老人家好可怜呀，女儿把我送过来，不理我了。如果不留一点这些东西，要是我受伤你们又临时没货了，我该怎么办？你们都欺负我老人家，我好可怜呀！"

有时候真的让人好气又好笑。

老人家还有一个问题：很怕死。

她每天早上吃饱后都会来找我们，因为我们早上上班时会帮大家量血压，她每次都要第一个量。但是给她量血压又很麻烦，血压太高的话，她会担心一整天，然后大概过半个小时又来量一次。血压太低的话，她也很紧张，也是每半个小时来量一次。

她老是觉得自己的脚有问题、头有问题、手有问题，常常请护理员帮忙挂号看医生。要是不顺她的意，她就会觉得自己很可怜，躲在护理之家的阴暗角落里，不开灯，难过得全身发抖。

老人家也对我好过。某天，她吃完午饭后看到我，偷偷塞给我两个橘子，感谢我有空就帮她量血压，常常陪她说话。

我真的好感动，对我来说，听到这种话就是最好的反馈了，我根本舍不得吃那两个橘子。老人家拍拍我，叫我赶紧吃掉。这举动让我想起小时候，每年暑假回外婆家都会胖十公斤回来，果然只要对老人家用心，她都会感受到。

我慢慢地剥着两个橘子，想要慢慢品尝。突然间，一个护理员跑来问我有没有看到那个老人家。她看着气呼呼的，我想她这是怎么了。护理员告诉我，那老人家隔壁桌的橘子不见了！她要去问老人家知不知道橘子跑哪去了。

我一边吃着橘子，一边说没看到。护理员问我哪来的橘子，我笑笑说："我奶奶给的。"

等到护理员走后，我两口吃完了橘子。难怪叫我赶快吃掉。

老人家每天最高兴的事情就是女儿下班后来陪她，然后说一堆护理员的坏话。

"我跟你说，那个大个子很坏。我今天量血压太高，说要再量一次，他居然先跑去量别人的，真的是气气气气气……"

"我跟你说哦，今天吃饭的时候呀，隔壁那个陈太的菜，比我多很多呀，真的是气气气气气……"

"我跟你说哦，我受不了了，我想回家。你带我回家好吗？"

老人家一边抱怨，一边走路，女儿总是在旁边安慰着她。

女儿天天都来陪老人家。她是独生女，曾经有一段婚姻。原本母女住在一起，后来妈妈的腿不好，她怕妈妈在家里跌倒，认为送到这里对妈妈比较好。

看这个温柔的姐姐安慰着顽固的奶奶，似乎是我们每天的八点档，天天都在上演，一天没演就觉得怪怪的。

某天，女儿没来，我们所有人都很惊讶：为什么女儿不见了呢？

而老人家更惊讶，生怕自己被遗弃了，每隔五分钟问我们一次："联络到了吗？"她一个人坐着轮椅在门口等，等着等着，终于盼到了女儿。

迟到的女儿被老人家大骂，因为每次她要晚到或不能来时，都会跟妈妈说，这次没讲，害老人家很担心。女儿的脸色不是很好，一直哄着妈妈，而老人家可能惊吓过度，一直吵着要跟女儿回家。

哄完老人家之后，女儿去柜台跟护理员商量事情。原来这天她去做检查……乳腺癌晚期了。癌症总是这样，平常没注意，等到注意的时候，基本上都是晚期了。

她不知道自己过不过得了这关，很担心母亲。母亲虽然还有一些亲戚，但只有她这一个孩子。假如自己过不去……

她希望我们别告诉她母亲，她不想让老人家受太大打击。

往后的日子，这出八点档还是照样演，不过，女儿的言行似乎更加温柔，手握得更紧了。而老人家似乎浑然不知，还是一直对女儿说我们的坏话。

直到有天，八点档不演了，女儿没办法来了。奇怪的是，没听到老人家吵闹，我们不知道是她们沟通好了，还是老人家早就猜到了。

女儿没来的那段日子，老人家真的退化得很快，她开始不抱怨、不偷拿东西、不在意自己的身体、不起来走路，整天就躺在床上，原本好好的身体，一瞬间就变得似乎要卧床了。

后来没多久，她真的下不了床，变成卧床的病患，整天躺在床上，好像苍老了十岁。

几周后，她女儿走了。没人敢告诉老人家发生了什么事，其他亲戚来了也没说，老人家也没问。

但是，平常面无表情的老人家只要一入睡，就会露出白天看不到的笑容，那微笑告诉我们，梦里的她应该也是跟女儿手牵着手，骂着我们吧。

我离职那天，去看过奶奶，奶奶还是一样不说话。她已经不能下床了，包着尿布，插着鼻胃管，连我跟她说再见，她也不知道。

棺材里面装什么？一般是说装死人，不装老人。殡仪馆都说里面装钞票；火葬场都说不管装什么，都会变成灰；佛家说那些是表面的躯壳，灵魂跟着佛祖走了。

如果我是丧家，我希望棺材里面装的不是我亲爱的人，而是我。

为什么活人的地方冷清，
而死人的地方热闹呢

这天在择日师父的眼中叫作"大日子"，我们殡仪馆内可谓车水马龙，人来人往。

一般来说，在这种日子，我最喜欢一早泡个咖啡、吃着饼干，看着一些文盲在"冰库前面禁止停车"的牌子下找地方停车，静静地欣赏他们的那个技巧、那个方向盘的使用、那个完美的角度，然后帅气地下车……

这时候，我就喜欢拿着咖啡，跟他们说："不好意思，这边禁止停车。"这个感觉好爽、好疗愈。所以每次一到大日子，我都到得特别早，跟大胖一起欣赏那张"喂，你怎么不早说"的脸。

话又说回来，这天也没什么特别的，都是热热闹闹的。

来来往往的家属随着场内司仪的引导，进行家祭和公祭，每个礼厅有每个礼厅的仪式，可能是某个家庭的父亲，可能是奶奶，可能是小朋友；可能大家都哭得很凄惨，也可能有些人为久病家属的解脱而松口气，也可能等到一笔……

总之呢，各式各样的人都有。

我跟老大这天很闲，就静静欣赏这出人生最后的仪式。突然间，我扑哧笑了出来。老大白了我一眼，似乎是看到这不合时宜的笑容，觉得我很不识相。我说："抱歉抱歉，突然想到一些有趣的事情。"

老大说："说来听听。"

我说：

"以前我在医院也有大日子，通常都是在周六、周日做一些活动，每次活动开头都是《快乐的出帆》，结束都是《感恩的心》，唱到我都不想听了。

"几次下来，我发现来的家属总是特定那几床的，而剩下将近一半床的家属会很久很久才见到一次，甚至有些家属我根本没见过。

"我们那家医院附带的老人照护中心算是不错的，设备好，又是公立的，排队的人一堆，不像外面一些疗养院，放里边等死。但还是有很多爷爷、奶奶没见过家属。

"某床的爷爷的儿子、媳妇总是来照顾，老人家很开心。有天我喂他吃饭的时候，夸了他儿子，说一定是独子才那么孝顺，爷爷突然不说话了。我觉得很纳闷，明明聊得很好，怎么突然就冷场了。后来护理员说，爷爷有五个女儿，最后一个才是儿子。爷爷非常重男轻女，分财产的时候把所有钱都给了儿子，所以女儿从没来看过他。

"再说某床的奶奶，她有张极甜的嘴，看到我们都'哥哥''姐姐'地叫。每天都被一个八九十岁的老奶奶喊：'哥哥，我要吃饭。''哥哥，我要下床。'一开始我很不习惯，直到护理员告诉我她的故事。

"奶奶是寡妇，独自将独子拉扯长大。儿子长大后功成名就，也娶妻生子，顺便解决了传说中人生最难选择的一题：妈妈跟老婆掉进水里，要先救谁？他怎么选的，护理员没说，但是她指给我看奶奶脚上那双鞋，从她进来后就是那双，破了也不见儿子买来新的。

"当时听到这里，我不禁觉得好像有沙子跑进眼睛了。儿子可以每个月固定汇五万到医院，却没办法拿一双好的鞋和袜给奶奶。后来还是我跟阿姨们看不下去，花点钱买双新鞋、新袜给她。那天奶奶很开心，说了声：'鞋鞋，好漂亮。'但是却流了泪。不知为何，我们也跟着流泪了……"

我熄了烟，看着老大，继续说：

"再看看这些丧礼，人来人往，车水马龙，别说至亲了，左右邻居、从小到大的同学都出现了。我倒是觉得很奇怪，在往生者走之前，他们是不是也都这样热情地来看过他们，甚至关心过他们？

"为什么我照顾活人的时候，常常觉得很冷清，久久不见有人来探视病人一次，但是在殡仪馆却天天有人来探视遗体，而且最常说的就是：'早知道当初我就常常去看你。'不然就是好几年没回来的家属赶来殡仪馆看最后一面，这样做的意义到底在哪里？

"为什么是活人的地方冷清，而死人的地方热闹呢？"

老大想了想，没回答我的问题，倒是开口说：

"以前，我有一个好朋友很风光，事业有成，常常请一些好友出去吃大鱼大肉。直到有一天，他中风了，而且病得很严重。

"我们只去医院看过他一次，没想到那个意气风发，总是富态地笑容满面，看到我们都会来几句笑话的开心果，现在躺在那里，瘦成皮包骨，插着根鼻胃管，别说讲笑话了，连笑容都没有。

"有时候不是生前不去看他，而是有些回忆应该停留在最好的地方。前几个月他丧礼，各位兄弟出钱的出钱、出力的出力，只能多烧点冥币给他，算是给他帮忙了……"

我正要笑他这样有用吗，却把话吞了回去。突然间，我理解为什么一些民俗仪式总是不会被淘汰，原来是要抚慰人心啊。

我想起了我爸往生的时候，是用的联合公祭，没花什么钱。之后我妈和我烧了很多冥纸给他，烧完后，真的觉得心情好多了。

到老

　　值夜班的时候，大胖在旁边满脸得意的样子。自从他去了趟越南，回来后就每天这种模样，看我就像是看条狗一样。

　　"你也老大不小了，该找伴了呀，没伴很可怜的，孤老终生。"接着，他从薄薄的皮夹中拿出一张照片，说："这次去越南，我终于理解了，台湾男人不是不抢手，只是我们的市场不在台湾，到了越南，台湾男人就变得热销抢手了。小胖呀，有机会一定要去越南找真爱呀！"

　　我看着他薄薄的皮夹，忍不住酸他说："你看，你就是找真爱，皮夹才薄薄的。像我单身多好，一人赚一人花，没有压力，也不需要多去担心另一个人，多去在乎另一个人，这种感觉多好，而且开销也可以控制。你这样存得到钱买车、买房、养小孩吗？"

正当我要告诉他单身的皮夹有多厚的时候，我发现我皮夹里面厚的是"×××舒压""×××小吃店"的名片，薄的还是钞票，眼泪就不争气地掉下来了。原来帮助失学少女、单亲妈妈这条路，真的不好走。

这时候，我们生意来了，来的人有点面熟。

其实在这里最好不要认人，认错了会有点……尴尬。我面熟的不是躺着的那位，而是站着的那位年约六七十岁的老人家。下车后，老人家步履蹒跚，一直流泪。

来柜台登记的是他儿子。填写资料的时候，我看了看往生者身份证后面的配偶栏……果然认识，哭泣的老先生是我念书时的校长。

让家属到冰库再见一面，就要让往生者在里面休息了。而这一面，我等了大概快半个小时。老校长完全不像我当年认识的那个校长，没有了威严和高高在上的感觉，他只是跪在地上，一直握着亡妻的手，一直哭。

我不太喜欢这种场面，却还是得站在旁边看。我从来不知道校长严肃的背后是如此深情。

●

　　我在做看护的时候，真的就像做功德，每天工作十三个小时以上。那时候我没有摩托车，都是坐公交车，所以实际上班的时间真的长得可怕，回家后还要照顾父亲。

　　有时想想，撑过那段日子之后，到现在好像都没有什么过不去的关卡了。

　　那时候，我是如何让自己充满上班动力的呢？是急诊室的漂亮护士吗？不是。是某间病房那个爷爷的漂亮孙女吗？不是。是每次都说要介绍女儿给我，说找我去家里吃饭，但直到我离职连她家在哪里都不知道的阿姨同事吗？不是。是那个月初很多、月底没有的银行存款数字吗？不是。

●

　　我们护理之家的老人不一定个个都是卧床的，也有只需要协助上下床，失智了怕走失，或在家里不方便，怕危险而送来的。但是，徐奶奶却是人好好的就进来住。她的身体状况很好，连去市场买菜走路来回都可以。她的子女很孝顺，大概每三天来看她一次。

　　那为什么她会来这里？原因在于徐爷爷。徐爷爷老了之后几乎失明，在家常常跌倒，于是到这里住，徐奶奶也就跟着来做伴，反正两人的退休金都够，不会麻烦儿女。

　　每天一早都看到两夫妻秀恩爱，从房间手牵手走到餐厅。吃饭时，奶奶一口一口地喂爷爷，回到房间念报纸给爷爷听，闲聊子孙的状况，偷讲邻居的坏话，缅怀死去的老友，中午又继续出来秀恩爱。午睡起来，奶奶带着爷爷去晒太阳。晚餐后，奶奶会边看新闻，边跟爷爷说今天有哪些消息，直到睡觉。

　　我忍不住问奶奶，"你们哪有那么多事情好聊？"

　　奶奶笑笑说："我们中学就认识了，要说的话，还真没那么多事情可以讲。但是我们说的不是家常、新闻或报纸中的内容，而是一种感觉，一种你在乎我、我在乎你的感觉。人生九十多年，能有一个人在你旁边八十多年，跟你这样闲聊，还能再要求什么呢？"

　　奶奶紧紧握住了爷爷的手。

　　肉麻，十分肉麻，我听到就转头去忙我的事情了，只是眼角为什么有泪痕，我不知道。

　　他们也是会吵架的。有一次，奶奶去厨房切水果给爷爷吃，结果爷爷睡午觉起来找不到人，着急得狂按服务铃，说："我太太不见了，帮我找找！我太太不见了，求求你帮我找找！"

我白眼翻到头上去了，我老婆不见三十多年，我也没那么急，你急什么？

奶奶回来后大喝一声："切个水果而已，你在鬼叫什么！你以为这些医护人员很闲是吗？要跑掉，我二十几岁就跑掉啦！看看你这个样子……"

爷爷虽然被骂了，一直道歉，但是笑得可开心呢。

不知不觉中，两人的手又紧紧握在一起。

肉麻，十分肉麻，但为什么那么给人力量。

另外还有一对夫妻，也是活宝。

快百岁的爷爷行动不便，没装鼻胃管，但是躺在床上时需要氧气罩，到餐厅吃饭时得带着氧气瓶。

爷爷总是笑眯眯的，但是不常说话。他刚来的时候，我还以为他不会讲话，直到有天我扶他上床时，不小心拉到他的尿袋，他挥挥手叫我靠近他一点，说了声："你这个不长眼的，注意一点，会痛啦！"

他老婆的状况就没那么好了，失智，容易躁动，动不动就骂人，一下要媳妇来，一下要儿子来，一下要叫老公滚过来，但是发作的时间不长。

爷爷似乎很习惯老婆这样。有一次奶奶半夜发作，我急忙跑过去看，一边安抚她，一边对爷爷说："你老婆您不管管，夫纲何在。年轻的时候在家里，你们都怎么沟通呀？"

爷爷做出一个往前丢刀子的动作。我问："您该不会是说你们以前吵架时，她是拿刀子直接丢吧？"

老人家点点头，拍拍胸口做出一个害怕的动作。我才知道奶奶这种躁动不是病况不好，而是好转太多了。

有一天半夜，奶奶又躁动了，这次是爷爷按服务铃。我到了房间，看到奶奶不断向爷爷丢枕头。

爷爷起先对着我指了指隔壁。我说："哎，老头，这里不是旅馆，说换房就换房呀！"

爷爷想了想，又比了一个手势。我问："您是叫我把您老婆的手绑起来吗？"爷爷点头如捣蒜。

我再问："这是您老婆啊，您舍得吗？"爷爷做了一个"少啰唆，快去绑"的手势。这晚爷爷不会再被恐怖攻击了。

不过，绑手真的是最后手段，有时候老人家半夜躁动会抓伤自己，而我们医院的医护人员一人要照顾十个老人，真的没办法。老人家在住院前，我们已经让家属签同意书，才会用那东西绑手。

　　有天晚上，我发现爷爷半夜不睡觉，一直看着奶奶。我开口逗爷爷："哎，你看了六七十年还不腻哦？明天去餐厅看看隔壁的，虽然六十多了，但是比你老婆年轻好看；重点是，她丧偶哦！"

　　爷爷看我一眼，笑着点点头，接着又朝日历一看，难过得摇摇头。

　　"为什么不？"我胡乱猜，"明天你儿子要来？明天旁边的年轻奶奶不会来？明天你老婆会发飙？……"爷爷都摇头。

　　最后我说："该不会今天是结婚纪念日吧？"爷爷不再摇头，只是望着奶奶。

　　静静地看着这画面，很感动，真的很感动。

　　爷爷慢慢地朝奶奶伸出手，似乎想握住她的手，但是隔着两张床之间的距离，他的手根本碰不到奶奶的手。

　　原本我有股冲动想帮他把床移近奶奶，但想想把奶奶吵醒后，今晚又麻烦了，只好拍拍他的手，说："反正她忘记您了，下辈子再牵吧。"

突然，爷爷眼中满满的不知道是眼油，还是眼泪，伸向奶奶的手慢慢地缩了回去，挥挥手要我离开。

早上帮爷爷清洁脸部，看着他红肿的双眼……唉，情为何物。

突然，有人拍拍我的肩膀，把我从回忆中拉了回来，原来老校长哭累了，被子女带回了车上。

两人到老的这个约定，很浪漫，需要很大的坚持才有办法实现。但这真的是最好的选择吗？

"等待返去的时阵若到，我会让你先走。"江蕙的这首歌《家后》，年轻时的我听起来没有感觉，但在做过这两份工作后，我真的是听一次，哭一次。

假如死后还可以有一个时辰告别的话……

我想跟家人好好吃一顿饭。

婚姻

与在火葬场工作的好友老林没事聊起八卦，他听说了一个大胡子老板带着礼仪师妹妹去旅馆的故事，我赞叹道："虬髯客与红拂女夜奔呀，这故事肯定精彩。"

老林补了一句："那个礼仪师妹妹有老公了。"

我眼睛不禁一亮："原来是虬髯客兄与红拂女夜奔的故事呀！这故事肯定更加精彩！"

就在我们欢谈的时候，来了辆接运车。

●

下车的是一位男士，带着两个大概是小学和初中年纪的小朋友，两个孩子都哭红了双眼。男人和往生者是配偶，那两位是他们的小孩。

往生者不是生病，而是"荡秋千"（上吊）。

当资料填写完毕，要把往生者推进冰库时，两个孩子开始号啕大哭。只见那个爸爸皱着眉说："哭，有什么好哭的？再哭你们妈妈也不会回来。"

两个小朋友立刻闭了嘴，只敢默默流泪，不敢哭出声音。

等到隔天要验尸的时候，多来了一组家属，似乎是往生者的娘家。

当天，两组家属在休息室起了争执，往生者的哥哥不原谅妹婿。

我在一旁边劝架，边了解：原来是丈夫常常怀疑妻子出轨，只要她跟别的男人出去，不论是工作同事，还是朋友，他都觉得她要去会情人，每天给她言语和精神上的暴力。后来妻子受不了……选择这样结束生命。

所谓家家有本难念的经，在我们局外人的眼中难判谁对谁错，只能支开他们，让他们不要起更多冲突。

后来验尸完毕，两组家属分别离开，我在一旁默默观看。在这群家属里，我想最悲伤的是不是那两个懵懵懂懂的小孩呢？他们或许没想那么多，只知道那个他们每天会见面的妈妈，没有了。

某天晚上，我一个人值班，那个丈夫来到办公室，问我能不能让他看看他老婆。

时间上当然不允许，于是我拒绝了他。但他还是很固执，看起来很难过的样子，一直拜托我："我看一下就好，不会太久。"

我心想：唉，给他行个方便好了，感觉他似乎有什么话要跟老婆说。

当我带他去冰库的时候，觉得有点不对劲，这家伙身上带点酒味。

想想，我一米七、一百公斤，而大胖有一米八、一百四十公斤，于是我把大胖叫了过来，偷偷对他说："等下你守住大门，如果他闹事的话，我们就把他抬出去。"大胖说好。

我再次跟他确认："你知道你的任务是什么吗？"

大胖说："守门。"

呃……这完成度有点高。

进入冰库之后，当我拉出往生者遗体时，看到的又是这种景象：先生整个人趴在太太身上，告诉她，"我错了，对不起！我好后悔，你快起来骂我……"

这种千篇一律的景象，我每天在这里听到不想再听。早知如此，何必当初？

看到他借酒崩溃的景象，我想起我小时候那段很不舒服的过去。

●

记得那时候我还很小，有一天，一个漂亮的阿姨带了很多玩具到我家。那时候我爸不在，只有我妈妈在家。我看看玩具，又看看漂亮阿姨，心里很开心。

她来我家后，进房间不知道跟我妈妈说了什么，从房间出来后，我妈妈一直哭、一直哭、一直哭。那个阿姨离开之前，摸着她有点隆起的肚子，问我一句："以后我当你妈妈怎么样？"

小时候我不会回答，如果是现在问我，我一定给她一拳，问她："你当我白痴吗？"

晚上我爸回家后，我妈就开始跟他吵架。我小的时候，家里常常有这种气氛凝重的时候，因此我现在很会看人脸色。

那时我乖乖去睡觉。到了半夜，听到有摔碎东西的声音，我打开房间门，从门缝看着外面，发现餐桌上有一瓶爷爷除草用的药，我爸叫我妈喝下去，还不断用不堪入耳的言语骂她。后来，只见我妈心一横，打开那瓶东西的盖子后就要往嘴里倒，我爸才一把把那东西拍开。

也许是我小时候看到这一幕，所以我无法原谅我爸。为什么明明是我爸做错事，到最后都是我妈在承担他的错误？为什么别人的家庭都是快快乐乐的，我却常常要躲在棉被里听他们吵架？

啊，我知道了，是"结婚"。有的人婚姻就是这样，两个不相爱的人被法律和小孩绑住，导致两个人都不得自由。还有的人婚姻就是这样，男尊女卑，赚钱的那一方做错事就该被原谅，女生没赚钱能力就乖乖在家……大人不快乐，小孩子也不快乐。

后来我没再见过那个阿姨，但我看我爸的眼神从那时起就已经变了。

我回过神来，再度看这个先生。这个没有用的人跟狗一样，还在那里哭，我只好去拍拍他，说："事情都发生了，想想如何善后吧，想想你的小孩，回家多陪陪他们吧。"

我嘴上这么说，心里却在想："收起你鳄鱼的眼泪，这都是你害的！是你这个废物害的！等我收到你，我一定吐你口水！"

他还是不肯走，趴在冰冷的遗体上哭，我在一旁越看越觉得恶心，只好叫大胖来，把他抬了出去。

看着他离去的背影，经验再度证实了，婚姻这东西有些人真的碰不得，那真的是坟墓，是地狱。

几天后，告别式开始了，看着那个两眼无神的先生，看着两个还不算懂事的小朋友，看着眼中充满恨意的亡者哥哥，看着这一场悲剧的落幕，我不知道如何评论这件事，只是觉得为什么原本美好的事情最后这样收场。

●

几个月后的某天晚上，我在关礼厅门的时候，发现一场丧礼布置得很有趣：跟婚礼差不多，棺木也刚好两具，分别是一男一女，看起来应该是七八十岁。我回办公室查了一下他们的记录，死亡时间仅相隔一天。

那天下班后，我没有立刻回家，而是在礼厅外面偷偷看着他们的告别式。影片中播放着他们如何相识、如何相惜、如何一起走到最后，下面成群的子孙都在缅怀着这一对可以同生同死的夫妻。

看完之后，我在骑车回家的路上心里想着：啊，原来还有这种婚姻呀！

陪你到最后

某天，一个资深司仪来到我们冰库小老板的门口，跟他借个火。

老人家年纪很大，从小就进入殡葬业，中途觉得一直做工没前途，所以去学了做司仪，结果发现自己天生就是吃这行饭的。前前后后几十年过去了，现在已经是门徒一堆的老师傅了。

借火的时候，老板看到这个老人家手中的香烟，笑笑问他："师傅呀，你一把年纪了，有没有想过戒烟呀？"

老师傅点上烟吸了一口，跟我们说：

"这几年，我死了爷爷，死了奶奶，死了外公，死了外婆，死了爸爸妈妈，死了岳父岳母，连养的狗都死了快五代了，就剩下这烟陪我到现在，连我唯一的女儿都不及它陪我久。你说，我有必要戒吗？"

"想当年我抽完一根烟去当司仪，平民百姓，官员富商，我叫他站就站，叫他鞠躬就鞠躬，没它的陪伴，我的人生会很无聊。"

老人家都这样说了，我们只能傻笑。的确，说不定陪他到最后的，就是衬衫口袋里的那包香烟，为什么要叫他戒掉。

●

老师傅离开后不久，来了一组人马，牵着一条狗。我远远地看，觉得很奇怪：怎么会没事牵条狗来殡仪馆呢？

结果那群人慢慢地向我走来，再看看那条狗，才想到前几天我们去接一个独居老人的场景。

那间民宅里面满满都是资源回收的东西，一个老人家倒在里面，身体明显腐败已久，但是混着他家都是回收物的味道，难怪邻居那么久都没发现他往生了。

发现者应该是他养的小狗狗，就是我面前这条。邻居说这条狗平常跟老人家形影不离，老人家出去捡垃圾的时候，总会带上这条狗。而且老人家的脚踏车居然还装了小型遮雨棚，让人看了不禁会心一笑，看来这狗儿子混得不错。

狗儿子平常人缘很好，有时候会去邻居家蹭饭。邻居觉

得怎么最近它来蹭饭的时间变多了，才鼓起勇气进屋看。

"我想探视遗体。"

我满脸问号地看着那条狗。

这时，带它来的那群人说他们是社工，常常去老人家里探视，如今他走了，家里就剩下一条狗，现在是由社工们在养，希望能在老人家出殡前，带它看看它的主人。

我脑中不断在想：究竟有没有一条规则是不能带狗探视的呢？想着想着，我想到了我们门口的小老板。小老板就是地藏王菩萨，威风凛凛地守护着冰库，下面还坐了条小黑狗。

"对呀！我们小老板自己都养狗了，怎么能禁止别人带狗进来探视呢？大家都是狗派的嘛！"

但是这样带进去太明目张胆了。我看着小狗，说："我建议你们还是抱着进去好了，记住不要靠遗体太近。"

社工们点点头，于是我带着他们进去。一进冰库，小狗就一直呜呜呜地叫着，叫得很凄厉。原本大家都不害怕，但被它叫得全都心慌慌。

小狗一会儿对着某柜位叫起来，我仔细看一下，原来是一位在 KTV 被砍死的"菩萨"；一会儿对着另一个柜位叫起来，我又看了一下，原来是"荡秋千"的"菩萨"；接着，又对着另外一个柜位叫，我再看一下，原来是……

不行不行，这样会没完没了的。于是我速战速决，打开了那个老伯伯的冰库，将他拉了出来。

然后呢，没有所谓忠犬护主的故事，也没有所谓狗狗舔着往生爷爷的故事，只有一条夹着尾巴的狗到处叫。

出了冰库之后，狗就不叫了，跟着它的新社工主人离开了冰库。

这时候的我在想两件事情。一件是假如老人家的心愿就是相依为命的狗狗可以来看他，那他此时的心情不知道会如何，毕竟那是陪伴他多年，唯一还能称为"家人"的家伙呀。

另一件事，我看着小老板的狗，想想我家的狗，以后我一定要常常带狗来晃晃。我含辛茹苦地把它们几只养那么大，穷的时候，我吃三十五元一碗的卤肉饭，它们还是照常吃一百五十元一包的饼干。要是我死了，它们不敢来送行，我一定从棺材里跳出来带它们一起走。

过了好几天，老人家的儿子才出现。老人家虽然独居，但其实他有孩子，他有两个儿子、一个女儿。为什么我会知道呢？因为他两个儿子来看他的时候，出来讨论家产，说了一句:"不要让姐姐知道老人家死了,这样她会跑回来分的。"

我回头多看了他们一眼。两个兄弟年纪大概四十多岁,从穿着到代步汽车,感觉经济状况应该还可以。

进去认尸只看了五秒,出来讨论家产说了快一个小时。我看还是警察打电话告知他们父亲死了,他们才知道这件事情。再想想那条胆小的狗,刹那间,我觉得这两个家伙比那条狗更适合用"它"来形容。

直到最后出殡,两个儿子到了,也没看到女儿的影子。不对,我看着社工带着狗狗来,应该是三个儿子都到了。

一个儿子端着灵位,一个儿子打着伞。仪式进行时,狗狗在旁边看着,这次它没有夹着尾巴跑掉,只是眼睛死死望着棺木。以狗的身高,它不可能知道棺木里面放的是什么,但它还是死死地盯着棺木。

最后瞻仰遗容的时候,狗狗也跟着看了,这时候才发出呜呜的声音。

我看着狗狗的眼神,真的觉得它一定知道发生什么事情了。一定知道,眼神骗不了人的。

狗儿的眼神,真的是充满了难过。但那两个儿子的眼神却恰恰相反,只想让仪式快快结束。

　　等到师父喊着："吉时到！"大殓盖棺的时候，狗狗开始狂叫，叫得哀伤，叫得撕心裂肺。两个儿子给社工一个眼神，希望狗狗闭嘴，社工无奈地把狗狗牵到旁边。

　　看着被社工带走的狗狗以及跟着队伍去火葬场的两个儿子，我在想他们是不是该调换。

　　回家之后，我回到床前，想起今年夏天刚死去的狗狗，陪我十多年的狗狗。

　　还好是我送你，你才不会太难过。假如今天是你送我的话，我真不知道你会多伤心。

　　有时候想想这种对狗狗的感觉，是不是超过亲情了，想着想着，我眼泪又流下来了。

　　可能我人生的最后，也希望你这条狗狗能够陪我度过。

句点

　　离开大学后，我很少参加聚会，因为很怕与太多人相处。

　　坐电梯的时候，我会很不舒服。参加演唱会或庙会，我头会很晕。超过五人以上的聚会，我都很少参加，就算参加也很少开口。再加上自己工作很差劲，没搞什么投资赚大钱的东西，所以算是聚会边缘人。

　　在我眼中最舒服的聚会就是四个人，两两面对面，不需要太多言语，"吃！""碰！""杠！""和了！""几番？"这样就够了。

　　但是宅久了，有时候也想交些朋友——正常的、会说话的朋友。不是那种跟在背后不说话，然后跟到很无聊，不说一声就跑掉的朋友；也不是那种"新茶到港一起品茗"的朋友，而是正常的朋友。

于是，我开始玩起一种可以在网络上约陌生人出来吃饭的 APP，跟同事老林一起玩。但这种聚会基本上都是对方问我们：有没有梦想？需不需要赚人生第一桶金？要不要买保险？来一点健康饮品如何？

每次我们去都是假笑当分母，偶尔看个妹子，其实也很无聊。

好不容易，我和老林终于找到一场正常些的聚会，大概是八个人，几乎都是刚出社会的年轻人，有男有女，跟我们计划的"交一些正常朋友"很接近了。看到没有带公文包、没有带合约书的他们，我们真的感动到眼泪都要流下来了。

聚会嘛，总要有一个人开头，比较活泼的年轻人就来跟我们攀谈。

"大哥，你做什么的？"

"冷冻进出口。"

"哇，不错哎！应该很赚吧？"

"没有很赚。"

"不要客气啦！进出口什么？"

"尸体。"

"……这位大哥真爱开玩笑。另一位大哥呢，做什么的？"

"烧烤。"

"哇！不错哎，等等烤肉就靠你了。你在哪家店呀？早知道约去你们店里吃就好。你们店好吃吗？"

"我只会烧成灰，人肉好不好吃没试过。"

这是我们在这场聚会中的第一个句点。

之后烧烤开始了，大家都忙着烤肉，一群一群地聊着。我跟老林有时想参与他们的话题，却发现我们离现在的年轻人实在太遥远，没什么话题好融入，直到一个帅气的大男生阴森森地问大家："你们知道……有人在操场上吊的故事吗？"

几个妹子眼睛发亮，有点害怕，又有点期待这个帅气男生即将说出的鬼故事。

突然间，老林说话了："大师兄，这个业务是不是你去接回来的呀？"

我放下手上的烤肉夹，喝了口饮料，开始说："记得那天早上，我们接到派出所的通报……现场状况是……验尸的时候……后来家属来探视……出殡的时候……这就是我所了解的部分。"

　　我再喝口饮料，看着老林，他清清喉咙说："当时这一组
到火葬场的时候……当火炉中的棺木一破，那尸体露出来的
时候……火化完毕，我帮他捡骨的时候……装罐完成，家属
们离开的时候……这就是我所了解的部分。"

　　我们看着目瞪口呆的少年们，看他们还有没有什么问题，
再看看那个原本只想随便说个小鬼故事的帅哥……

　　不解风情的我们，领了这场聚会的第二个句点。

　　后来那个活泼的小兄弟又跳出来打圆场，聊些风花雪月，
讲到小王偷情躲进衣橱里面的故事，那些小女生笑得花枝乱
颤，我也神来一句："其实我也有躲别人老公的经验。"

　　看着那些年轻人惊讶的表情，我再度清清喉咙说：

　　"那年我在做看护的时候，有一个先生不希望他太太被男
看护照顾，所以基本上我不会进她房间，她可以当我妈了。
直到有一天，一个阿姨家里有事，另外一个阿姨腰闪了要休
息，人手实在不够的情况下，只能我去协助她翻身。

　　"前两趟没事，第三趟她先生刚好来看她，当时我被推
进厕所躲起来，直到她先生出去拿东西，我才偷偷从厕所走
出来。

"我在厕所里面很难过。为什么我努力照顾那个阿姨，却要落到躲家属的下场？为什么我眼中没有男人、女人，只有病人，却要我躲在这里？

"男看护在职场上是会被排斥的，而在社会上又被看不起。女看护可以照顾男性和女性，而男看护永远都被派去照顾壮硕的男人。因此每当看到男性看护，我都觉得他们很伟大，男生在这行生存真的是很不容易呀……"

我说完了，没有反馈，只有一张张"你到底在说什么"的脸。

我领到了这场聚会的第三个句点。

结束后，没有我们想象中的互相交换联系方式，没有看对眼的下一次约会。我跟老林这对"双宅"还是站在一起。

离开之前，老林看着手机问我："等下有个聚会，看电影《猛毒》，缺两个人，要不要去看看呀？说不定会有新朋友。"

我则说："放弃吧！年轻人的世界，我们已经进不去了。我们没讲几句就是谈生谈死的，没有什么聚会是我们的场子。放弃吧，回到我们的世界。"

我们决定删除那个 APP，回到我们熟悉的世界。

手机叮咚声响起，是原本的猪朋狗友："约跑缺二，要不要去看看？"

没错，我宁可跟一群猪朋狗友约跑步排出身体毒素，也不愿意勉强自己和一群没有共同语言的人一起过正常应酬的生活。

宁可排毒，不看《猛毒》。

这才是我们的世界。

PART 2

以为你都知道

想要那么痛苦地引人注意，

你希望得到什么？

你希望表达什么？

今生不再相欠，来生不要再见

我们到一个看似还不错的住宅区接"小飞侠"。一到现场，满地鲜血，亡者倒卧在一楼的店面前，老板气急败坏地站在门口，不断地念叨亡者的家属：

"你们这样，我还能营业吗？"

"这里的店面多贵，你们知道吗？"

"你们这些人怎么那么自私呀！"

他说得虽然没有同理心，但是也没错。一生的积蓄都砸进去买这个店面，这样一跳真的会影响生意。

家属没有生气，有的是迷惘的眼神，不敢相信跳下来的是自己的儿子。

社区保安指挥交通，鉴定人员拍着照片，警察询问家属亡者平常的交友状况以及精神是否有问题，邻居在旁指指点点，旁边有另外一家殡仪馆的车特地绕过来看有没有案件可以捡……

世间的一切事物都在运行，只有躺在地上的亡者是停止的。

想要那么痛苦地引人注意，你希望得到什么？你希望表达什么？

我们在后面戴好手套，抬着担架，等待鉴定人员一说可以了，我们就上前执行工作。突然，鉴定的大哥对我说："可以帮我翻一下他的口袋吗？"

于是我们往前走到尸体前，只见一个破碎的脑袋，从面容可以看出来是个年轻人，以一种难以想象的姿势躺在地上。

我照惯例对他说声："不好意思。"然后就翻翻他的口袋，发现里面有一些撕毁的碎片和一张纸条，上面写着：

今生不再相欠，来生不要再见，给你们两个自私的王八蛋！

这些字看起来很无厘头，鉴定人员也猜不出是什么意思，于是拿给后面正在被问话的家属看。他们一看，做妈妈的整个人崩溃了，想冲过去抱住儿子又被阻止。她大喊："对不起！对不起！我是为你好，我是为你好！为什么叫我王八蛋？你快起来呀！"

　　那一夜，我想着那支离破碎的身体，想着嘶吼的妈妈，想着口袋里的碎片是什么，想到我睡不着。

　　我有点害怕，怕的不是"小飞侠"的画面，而是那个妈妈嘶吼的表情。

　　往生者其实没什么好怕的，最惨也只是支离破碎，但是活着的人那种声嘶力竭、那种绝望的眼神，是最可怕的。

　　隔天相验的时候，妈妈没来，只有爸爸到场。验尸官与法医和这位爸爸约好两点见，他却提早来了。

　　这位爸爸面容憔悴，一脸斯文，让人觉得他的社会地位应该不低，加上昨天那个豪华的住宅区，应该没猜错。

　　"大哥，不好意思，验尸前，我可以跟儿子说个话吗？"

　　原本我们想就要相验了，倒不如等等一起看，但是父亲坚持能不能先让他看看，不会很久。

　　唉，只能通融一下。我在旁边注意着，好提醒他不要太激动。

看着自己的独生子躺在这里，这个父亲好像苍老了许多。他颤抖的双手按在冰冷的尸盘上，一句句的道歉哽咽地从嘴巴里冒出来，一开始好像是这辈子没说过对不起一样，声音小小的，到最后则声嘶力竭地喊着："对不起！"

眼看他即将崩溃，我们只好把他往外拉。

后来承办的葬仪社的工作人员来了，我们才知道大概的情况。

往生者生在一个不错的家庭，爸妈工作都不错，努力培养他，希望他长大后也能有成就。

跟一般老掉牙的剧情一样，龙未必生龙，老鼠生的儿子也可能一飞冲天不去打洞。总之，这孩子不说叛逆，但是也说不上聪明。

现在的大学真的很好考，不然有可能他在高中的时候就可以让父母知道自己不是读书的料了。谁知道他考上一所大学后，又顺利考上研究所，但是从研究所出来后，却面临失业危机。

这个危机不是找不到工作，而是找不到父母喜欢的工作。

据说他找了一份超市主管的工作，他父母却说："我们好不容易养你那么大，你去当店员？"

　　他又找到一份工业园区的工作，父母说："我们好不容易养你那么大，你去当工人？"

　　时间久了，他不再找工作，整天把自己关在房间里，他父母又说："我们好不容易把你养这么大，你不去找工作？"

　　然后某天早上，往生者吃完人生最后一顿早餐，被父母念叨了人生中最后一次，就跳下来了，把他硕士的毕业证书撕掉后放在口袋里，跳了下来。

　　今生不再相欠，来生不要再见，给你们两个自私的王八蛋！

　　现在看看，觉得这真的很讽刺。

　　我常常想我妈妈的伟大，好不容易把我养那么大，然而现在的我似乎难以回报她。

　　小时候，她总是把身上的钱都拿来让我学才艺，学了心算，学了跆拳道，买了一套百科全书让我补习，总觉得自己的儿子是人中之龙。

　　"我好好培养他，总有一天他会冲上天的。"

　　殊不知，她儿子不是这块料，只是小时候比较害怕被爸爸骂，所以逼自己努力学习、努力背书。等到长大后，我某天发现自己怎么读都读不好，明明以前数学很强，上高中后却什么都看不懂；明明初中时理化很好，到了高中却像个白痴一样，读不进去了。我妈妈这才发现自己的儿子不是"人中之龙"那块料，而且还不想承认。

等到我父亲倒下后，我不能赚很多钱回去养他，却能为了他去医院工作，学习一些照护的方法，并且回家照顾父亲，我妈妈才觉得这儿子好像还可以。

而我自己很早就发现了，自己不适合、也不可能是人上人。

我从读大学时就想当一个平凡的人，过着平凡的人生，不需要轰轰烈烈，也不需要发大财。"征服宇宙"这种事情是有能力的人去做的，而我只想快快乐乐过完一生就够了。

父母总是对孩子抱有无限大的期望，或许是想让他更顺遂，或许是不想让他吃苦。我觉得出发点都是好的，但是有时候，方法真的用错了。

验尸完后，往生者的母亲也赶来了，夫妻俩鼓起勇气，手牵着手，再次一起去跟那个冰冷、不会回答他们的儿子说：

"对不起。"

回到家里，我看着电视，我妈在旁边照顾我妹的两个小孩，虽然很忙，但是看得出她很开心。

我问："妈，我小的时候，你有没有想过希望我变成什么样的人？"

我妈白我一眼："有钱人呀，有钱到我可以不工作让你养的那种。我辛辛苦苦地把你养那么大，多少要回报一下吧！"

"那现在的我让你失望吗？"

我妈看了我一眼——一个肥宅在看电视，她叹口气说："有什么好求的？你平安健康就好。"

我吃了口鸡排。世上只有妈妈好。

我妈又说了一句："当然，我希望你不要是个肥宅呀！"

我喝了口珍珠奶茶。

果然，父母的要求和标准还是都太高了呀！

那些活着的人、死去的人，

家属和死者，阴和阳，没少过的抱怨以及无尽的遗憾，

夹杂着多少别人人生的故事……

这只是我们工作的一部分而已。

你对你孩子懂多少

关于小孩，老宅有一套爸爸经，他对自己的小孩感到很骄傲，不是因为孩子很聪明，也不是因为孩子很努力，而是因为孩子很平凡。

小孩的成绩并不是很好，朋友也不是很多，休假时常常待在家里做模型。老宅也没有逼他，不会叫他补习，也不会告诉他要有多好的成绩，只是让他在为人处世上多学习。

"不能说学历在社会上没用，但是在所有人的学历都差不多的情况下，眼力好才比较有用。"老宅说。

这点我也赞同，我从以前到现在，眼力都还不错，至少表面上可以做得面面俱到。

我问："老宅，关于你儿子，你知道他的一切吗？"

老宅笑笑说："我儿子最老实了，人虽然笨，但不会做坏

事。我也知道他是什么样的人，所以没有逼他用功上进。我
的儿子，我最了解了。"

聊到一半，来了一位男士说要等待验尸，这很稀松平常，
我就问他："请问往生者是哪位？您是他的……？"

那个先生说："往生者是××，我是他的体育老师。"

这就奇怪了，老师当关系人的并不常见，但是我想有可
能是发现人之类的，就请他先去家属休息室休息。我们的冰
库里面有个家属休息室，主要是为让前来验尸的家属有个可
以休息的地方，当然，房东和发现者也会在这里休息。

不久，来了一个自称班主任的，接着来了辅导员、数学
老师……

我心想：这家伙是什么来头？学校里认识他的老师几乎
都来了。他究竟是怎样的学生呢？

这时，老司机出现了，他们先把往生者移出来退冰。我
问："这个是怎么回事？"

老司机说："等下打开后，你就知道了。"

尸袋一开，四肢不规则地摊着，一个年轻男孩躺在那里，

似乎是脸着地或掉落时脸被碰到了，整颗头几乎全烂。遗体背后有刺青，手上看得出来有很多割腕的痕迹，还有一个个小孔。

老司机在旁边补充："好惨，从十五楼跳下来。学校老师都来了，好像是复读生。不过之前的高中老师会来看，也是很神奇。"

我听了之后心里想着，应该是好学生吧。果然，一群老师在说：

"怎么可能？在高中的时候不是这样的呀！"

"陈老师的小孩一直都很乖，不可能这样呀，听说昨天住处还有……"

他们七嘴八舌之时，"陈老师"来了。

陈老师看起来很憔悴，一脸哀伤，感觉这件事情对她的打击很大。她默默地靠在墙壁上，似乎在想，为什么老天爷要这样把一个单亲妈妈的孩子带走。

老司机在旁边摇摇头，偷偷在我耳边说："现在好多了。昨天那个激动哦……看到孩子在血泊之中，冲过去想要抱他，还好我们拦得快。但是带她去打开白布的时候，她还是晕倒了。起来之后，带她去小孩的住处，看到桌上的 K 粉、吸食器，还有针筒，她好像崩溃了，一直说不可能、不可能。也不知道她是说不可能是她孩子，还是她孩子不可能做这些事情。"

唉……真不知道该说什么。

里长[1]也很感慨："我昨天说要帮她找殡仪馆，她坚决不要，到现在她还不相信那是她儿子。这个老师呀，老公很早就死了，留下不少东西。儿子的成绩好像不错，听说是高中考大学的时候状态不好，所以要复读，住在她老公留下的一套房子里，谁知道就这样跳下来了，唉！"

听到这里，我大概知道是怎么回事了。

验尸的时候，妈妈进去，仔仔细细地看着孩子，突然大叫："错了错了，这不是我家的小孩，我家小孩没有刺青呀！哈哈哈！这不是我的小孩呀！"

那个尖叫，那个笑，仿佛是一个人用尽全力喊出来的满怀着希望的叫声。

---

1 台湾地区的"里"相当于大陆的居委会，"里长"对应的就是居委会主任。——编者注

　　她开开心心地跑出去，似乎跟刚刚靠近墙壁的她是两个平行世界的人。

　　鉴定小组要她回去，看看往生者手上的表、身上的衣服、脚上的鞋子和背上的胎记是不是她儿子的，但陈老师只是抓狂地说："不可能，我儿子身上没有刺青，一开始就错了。他不是我儿子，我为什么要看？让我回家！我要继续找我儿子！我一定要投诉你们，乱七八糟，看到证件就说是我儿子，我儿子没刺青我知道的，他才没有吸毒，他才没认识坏朋友……"

　　说到这里，每个"我不相信我儿子交到坏朋友"的坏朋友来了。

　　坏朋友长得真的是坏朋友的样子。他们问警察为什么叫他们来，他们什么都不知道。

　　警察说："昨天就看了监视器，你们从他家走出来，怎么会不知道？"

　　其中一个坏朋友不知道是脑子出问题了、忘了吃药，还是昨天吃的药还没退，直接对警察说："啊，他吃饱了撑的自己要跳，怪我们？"

　　旁边的陈老师一听，本来要冲过去给他一拳头，被警察

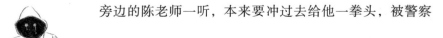

拦了下来。

陈老师又说："胡说！那个不是我儿子，我儿子他没有刺青！"

旁边同校的体育老师说："陈老师，他身上的刺青很早就有了，他上体育课的时候穿着背心就看得到。"

陈老师一呆，"胡说，我怎么不知道？你胡说！"

体育老师尴尬地说："我以为你知道。"

陈老师沉默了，呆呆地站在旁边。

后来检察官问亡者什么时候开始吸毒，坏朋友们都说："高二就开始了。"

陈老师无力地不断重复着："胡说，你们胡说……"

旁边的班主任也跟着说："对呀，他高二后就有点怪怪的。"

陈老师又接着说："为什么你们都没告诉我？"

班主任也很尴尬："你是老师，又是家长，我以为你知道。"

陈老师似乎放弃了，只是呆呆地往冰库看。

"原来她的小孩，她自己都不知道呀。"似乎有人说出这样的话，或者似乎是大家心中的声音。总之，此时此刻，我们都这么想。

验尸结束后，陈老师进去再看一次儿子。

"为什么，为什么你都不告诉我？为什么，为什么大家都不救你？是他们杀死了你，是他们害了你，为什么大家都不愿意帮你？为什么呀……"

看着陈老师离开的背影，我不禁在想：在殡仪馆工作的好处，说不定就是看看别人发生的事，再来思考一下自己。有时候很多秘密，生前总是没人知道，死后爆发出来才令人大吃一惊，让至亲直呼不可能。

我转头再问老宅："你对你儿子懂多少？"

老宅沉默不语。

再怎么逞凶斗狠，
死后能躺两具棺材吗

这天，一位外面的殡仪馆老板来殡仪馆等解剖。

一般来说，解剖的都没好事，都是有争议的案件。而看这位老板的样貌，我觉得应该是斗殴之类的事情。

为什么这么说呢？老板以前在道上混的，所以他很喜欢做"兄弟场"，大家偶尔会请这位老大哥帮忙。因为兄弟场不好赚，常常都是自己当年的小弟或小弟认识的，加上兄弟之间最喜欢赞助，所以花篮呀、罐头塔呀，往往都被赞助完了，顶多让老板赚个罐子钱算不错了，实在没什么赚头。

为什么我会知道老板在道上混过？

有一天，我看到他车上有把锄头，问他："为什么车上要放锄头呀？"老板笑笑说那是他发迹时用的。我想想不错，务农发迹，然后投入殡葬业，也算是一段佳话了。

后来老板不说话，眼睛看着某个山头，回想起过去，嘴巴还在喃喃地说："太笨了，当时太笨了，应该叫他自己挖洞，自己跳进去的。"

很久之后，我才知道老板没有务过农，他是开当铺发迹的。

话说回来，这次来解剖的是什么角色？我问了老板，老板眉头一皱说："绑架。"

我听了笑出来，现在都什么时代了，绑架这种事情怎么可能没有新闻报道过，就算大家喜欢看积水或爬树的新闻，也不可能不去跑这种新闻呀。

老板用手指指家属，我跟着望了过去，是一对老夫妻带着一个小女孩。老板接着说："那是他全家人了。"

我看了看他们，老的老，小的小，心里想：混得这么惨，应该是小混混。

老板看着我的脸，好像知道我在想什么，慢慢地跟我说：

"你看看那个老人家，别看他这样，当初在外面是喊得出名号的人物，当年做赌、放款，样样都可以，可谓砍遍天下无敌手，早早就当大哥了。

"他的儿子也出来混，大概四十岁就被砍死了。他找人帮儿子报仇，把对方打残了。

"谁知道那唯一的孙子长大后也加入帮派，跟人家去赌博，应该是被设局，输了一屁股，被逼签了高利贷，后来还不起钱。老人家年轻时赚的没守住，混了个晚景凄凉，身上大概只剩棺材本。当年的兄弟老的老、死的死，年轻的不把他们老头当回事，需要帮手叫不到人，所以孙子被押走了。

"等等解剖时你就会看到，二十个人拿球棒打他一个人。老人家面子薄，不想弄太大，只是报警，没有跟媒体说，也可能是他们不知道怎么闹大。总之，今天只有我们来到这里而已。唉！真的是晚景凄凉呀！"

老板说完拍拍我："还好我不混了。"

我看看那老头，虽然驼着背，但感觉年轻时很高大，旁边的老太婆穿得很简单，小女孩大概不到十岁，可能连来这里干什么都不知道。

我叹了一声，转头去帮老板把等下要解剖的家伙抬上了解剖台。

打开尸袋，往生者的体格真的很好，人高马大，一身结实的肌肉，配上帅气的刺青。整个头被球棒打烂，眼睛凸了出来，头骨盖也被打碎了。这种状况，我不是第一次见到，车祸的更夸张。但这个往生者的手脚状况则惨不忍睹，四个字形容：断手断脚。他的手筋、脚筋都被挑断了，透过干掉的伤口望去，深可见骨。

我将尸袋完全打开，让往生者躺在解剖台上，仔细地检查。

假如我在路上遇到这种人的话，应该会躲到一边去，不敢多看一眼。只是现在的他冰冷冷地躺在那里，眼神不再恶狠，眼球也变成了灰色，就只是躺在那里。

我心里对逞凶斗狠之事一直不理解，总觉得会用暴力解决事情的人，其实没有什么特别了不起，只是用肢体来告诉别人他不会讲道理，告诉别人他有多霸道，然后用各种理由来美化自己：挺兄弟、地下秩序维护者、侠客之类的。

一旦出了事情，也跟我一样，只有一条命而已，外面哭的还是伤心的家人。再怎么逞凶斗狠，死了之后能霸道地躺两具棺材吗？

唉！社会人呀。

执刀法医来到现场，跟验尸的法医以及验尸官交换一下意见，请鉴定人员拍完照后，就开始解剖了。

老人家一直站在门口，也不坐着，他们解剖多久，老人就站多久。

解剖完后，死因出来了，剩下要找到犯人就是警察的事情了。

正当我们准备把解剖的往生者送进冰库的时候，老人家说他们还想再看一下孙子，于是我们就让他们进去看了。

解剖台上是一具冰冷的遗体，一旁是两个老的、一个小的。

小女孩很害怕，抓着老人说："太爷爷，我们不要看了，爸爸好可怕！"

老人告诉小孩："怕什么？那是你爸。你再不看，以后就没的看了！"

小女孩依旧不敢看，撇过头。老婆婆只是哭，摸摸孙子的头，只是她摸到之后更难过吧。

老公公一看老婆婆的样子，气得大骂，"哭什么？你孙子当兄弟不是一天两天的事情了，哭什么！出来混的被砍死就是还债，当初我去打拼的时候就看你哭哭啼啼，哭到现在。只会哭，你还会干什么？你儿子死的时候，你哭得还不够吗？整个家都给你哭衰了！"

老婆婆似乎已经听习惯老公公的话了，擦擦泪，在旁边颤抖着身子。

老公公一眼不眨地看着孙子，好像要告诉我们旁边的人，他老人家什么场面没见过，他是流氓，就算死了孙子，仍然很威风。

他缓缓地跟孙子说："孙子，你放心，今天谁砍你，我一定会找出来，替你报仇，就像当年你爸那样。我回去找老兄弟说说，孙子，你不会白死的。"

这场景和这些话，是从一个九十几岁拿拐杖的老人口中说出来的。曾经意气风发的他都九十多岁了，还想着用暴力解决问题。唉，这就是社会人吗？

我回想起有一年到大姨家拜年，大姨和大姨夫叫我不要太早离开，等我两个表哥回来一起吃饭。我仔细想了想这两个表哥，也好久没见了。这两个表哥，我直接叫他们"大哥"和"二哥"。

大哥对我来说真的是一个大哥的样子，又高又壮，小时候看着他都觉得很威风。但是自从长大后，已经很久没看到他了。听大姨说，他做了错事，要被关八年多。二哥好一些，他努力拼事业，但是跟家里有点隔阂，也很久没回家了。

两个人可能想着，既然大哥被关了那么久后出来了，不如一起回家吃个年夜饭好了。那天，大姨一会儿在厨房，一会儿坐到餐厅里，一会儿又往外看，我跟小表弟手上拿着筷子，看着满桌的菜肴，禁不住直吞口水。

大姨一直叫我们先吃饭，两个哥哥回来饿不死。我和小表弟互相看了看、笑一笑，继续一起等两位哥哥。

后来门开了，两个表哥回来了，大姨和姨父的表情真的跟电影里演的一样，既欣喜又激动，没有过多的话语，只有一句："回来就好。"

那时候我看着大表哥，一直在想：江湖兄弟到底是什么样的人？

告别式那天，还是只有两老一小到场，由于人数不足，连礼厅钱都省了。老人家按照习俗不能送年轻人，只有一个

小女孩拿着牌位，跟着师傅的指示，进行一场她可能不知道
是什么丧礼的仪式。

　　那老人家报仇了吗？据说二十个人，警方抓到了十二人，
其他的还在追查中。如果全都缉捕到案了，老人家真的会有
报仇的快感吗？
　　看着老人家那无神的双眼，我没有答案，只知道那个世
界，我不明白。

假如死后还可以有一个时辰告别

我接到剧团的邀请，看了一部关于母亲节的戏。之前我根本没看过舞台剧，多亏认识了这个剧团，这是我人生到目前为止看过的第二部舞台剧。

剧情很有意思，讲岳飞家的婆媳问题，上半场轻松有趣，但是下半场看着看着，我不知为何流下泪来。

●

在剧里，岳飞的老婆说了一句："守寡就守寡，有什么了不起！"

岳飞的妈妈立马回道："守寡很了不起！"

场面其实是很轻松的，但是，我想起了我的外婆。

外婆很年轻时就守寡了，她一直是我最敬爱的人。女人年轻时就守寡很了不起，把一男四女拉扯长大，每天在菜园工作，都是为了小孩子。

唯一的儿子成家后，没等小孩生出来多久就死了，儿媳妇也跑了。孙子长大后生病了，行为变得很异常，没办法工作，整天就待在家里，不去外面惹事就是一件值得感恩的事情了。

某天我跟外婆闲聊，聊到表哥，外婆只说，她常常听邻居们说自己的孙子如何如何：如何考上好大学，如何找到好出路，如何娶到好媳妇……有的骄傲，有的不满足，有的恨不得时时拿出来炫耀，等大家问起她孙子如何的时候，她却常常说不出话来。

"多希望你表哥跟正常人一样，过着正常人的生活。"最后外婆对我说。

外婆九十多岁了，表哥是她多年来对夫家的责任，也是她的信仰，是她的全部。

同样是孙子，我无法说什么，只是想到这伟大的老人家，我能做的却只是休假时多回乡下陪陪她。

"寡妇很了不起，但我也很希望她可以活得幸福。"这是我很想对外婆说的一句话。

戏的最后一段有这么一句："人死后可以回家一个时辰。"

我想起前些日子收的一具遗体，只能用四个字形容："惨不忍睹"，身上残缺不全，手断了，脑开了，选择用很残忍的方式结束自己。这是一个年纪不大的年轻人。

来认尸的是妈妈，哭晕两次，又爬起来看两次，遇到人就说："我小儿子很乖的，他不会做这种事，这应该不是他！"

但残忍的是，尸袋里面确实是她的小儿子。

确认完毕后，这位妈妈又折回来，说："我刚刚没看清楚，请问能不能再让我看一遍？"

"阿姨，你先等一下，我请殡仪馆的人帮你整理一下。"我回她。

"你们不能骗我哦！拜托让我再见他一面！"

我们点点头，请他的殡仪师帮忙整理一下。殡仪师只帮他穿上内裤，衣服是拼上去的，因为遗体已经残缺到穿不上衣服了。

阿姨这次很冷静，慢慢拉开尸袋看，没有哭，只是不断重复地说：

"你怎么那么有勇气？"

"你真的那么不快乐吗？"

"你有没有想过我？"

其实我觉得这个年轻人很有勇气，能选择以这样的方式走，真的很不快乐吧！

阿姨这次真的没有眼泪，她摸摸小孩子的头，说："再见了，我的宝贝。"然后就合上尸袋，走了出去。

年轻人的遗体隔天就火化了。他从往生到火化不到三天，没有招魂，没有灵位，没有告别式。我问阿姨为什么这样做，她说："既然这世界对他来说那么不快乐，何不赶快让他完全离开这世界，或许这是最后我可以给他的。"

一切很仓促。遗体火化之后，似乎这世界上从来没这个人，也没这件事，世界不会因为这个人走而替他哀悼一秒钟，也不会有人因为他而生活发生什么变化。父母的工作一样要做，日子一样要过。

然而，真的是这样吗？从那个妈妈哀伤的眼中，我得到了否定的答案……

年轻人，至少这世界上，还有一个人会想念你——那个带你来到这个不快乐的世界却又送你离开这个你觉得不快乐的世界的人。

●

"假如死后还可以有一个时辰告别的话……"

看完戏后，我不断地思考这个问题，想起我妈妈成天笑我胖的脸，想起我外婆拿手的菜脯蛋，想起我家小腊肠的肥肚。

假如死后还可以有一个时辰告别的话……

我想跟家人好好吃一顿饭。

有些东西，
碰过了是不是就再也回不去了呢

今天的任务有点特别，是到一栋颇高级的住宅去接运尸体，这栋住宅刚建成不到三年。

一进社区，有三个保安叫我们从地下室上楼，只见每座电梯口都贴着"故障维修"的字条。

一层楼大概有六户吧，这层好像只卖出三户，其中两户是投资商买的，因此往生者死了很久也没人知道，直到警卫有天巡逻时闻到溢出来的臭气才发现。

警察在联络家属，顺便等我们到场，但是鉴定小组还没到，所以我们不能动，只能仔细地观察环境。

卧室里铺的是木质地板，一体成形，地板连着床头柜，给人一种霸气的感觉，看来装潢时很下功夫。

往生者的手上拿着针筒，桌上有吸食器和一些烟，满地的尸水渗入地板，散发着恶臭。遗体发黑、肿胀，虽然看起来好像还很干净，但我们知道，如果翻过去，后面一定都是蛆，我们判定这个人大概死亡了一个礼拜了。

我们走到客厅，发现还有一具"尸体"，双眼无神，看似死不瞑目，手中拿着电话，坐在沙发上，我想可能是在气绝那一刻要打电话求救。这具"遗体"看起来没有明显的外伤，嘴角还有口水，我们猜测他跟卧室里那位应该是一前一后往生的，他还没有尸臭。

我好奇地看一看那具"遗体"，突然，他转过头来对着我们身后的警察说："完了！联络不到承租人，完了！"

哦，原来是房东！他坐在沙发上，一脸惨白，凄苦死人脸，想吓死谁！

鉴定组来了，我们就开始工作了，翻翻遗体，找找证件。

听房东说，这间房是一群开宝马的少年租的，他们没事就来聚会，个个看起来都很有钱，所以他租给这群人时也没想太多。谁知道，原来这群人都在这里干这种事情。

由于事隔太多天，只能先将尸体运回去，等警方联络到关系人再说后事。回到殡仪馆后，我们把遗体安顿好，放在比较靠后排、没人去的冰库,因为我们知道,这种情况的逝者大概要变成"长老"了。

　　然而,事情却超出我们所料,他奶奶来了!

　　当天晚上,这个逝者的奶奶就赶了过来,她好像并没有很难过,反而像早就知道会有这么一天似的。打开尸袋,那肿胀的面容,那腐败的恶臭,奶奶没多看,摇摇头对警察说:"我认不出来,但应该是我孙子。"

　　认不出来的话,只能等待 DNA 采样才能进行鉴定,但尸袋要盖下去之前,老奶奶看到逝者手臂上的大胎记,叹了口气,大概心里也认定是了。

　　隔天相验的时候,老奶奶问我们,她可以跟她孙子说话吗?我们告诉她鉴定结果还没出来,不一定是她孙子。可是老奶奶摇摇头,说:"没关系,不是我孙子也可以,我有话跟他说。"

　　在遗体面前,老奶奶双手合十,说:

　　"孙子,如果真的是你的话,你跟你那个老爸一样,他还关在牢里,你却死在外面了。你比你老爸聪明,你老爸只会

吃 [1]，你又吃又卖，可是到头来，你还是比他惨。

"你看，你平常不回家，每天出去找朋友，现在你的朋友呢？孙子，如果真的是你的话，记得，不要放过那些跟你一起吸毒的朋友，还是要每天去找他们玩。

"平常听你说赚多少赚多少的，可是现在就剩皮夹里的那三千块，够办丧事吗？还是要我老人家把棺材本先给你用呀！唉，我也看透啦，命啊！如果你不是我孙子，就当听我这老人家啰唆好了。"

几个礼拜后，老奶奶正式来殡仪馆认她孙子，还带着一个殡仪界同行小李哥来处理后事。

小李哥很有趣，他专门处理这种吸毒而死的丧事。

小李哥坐了十多年牢，跟药和枪有关。其实如果不是他告诉过我，我根本看不出来，他工作很认真，为人客客气气的，穿着很朴素，很节俭。

1　指吸毒。——编者注

他有一个很爱他、愿意等他十多年的老婆，还有四个孩子，生活压力很大。他平常当人力抬棺材、洗遗体或搭会场，但是遇到这种吸毒而亡、家里无力治丧的，他会来帮忙，虽然不算什么大事，但也帮了丧家不少忙。

晚上，看到他还在忙丧事，我问："小李哥，你做这个有赚头吗？没有的话，为什么还要做？"

小李哥笑笑说："吸毒的人没有朋友呀！他们的家人又很可怜。本来一个家好好的，出了一个吸毒的，就什么都没有了。唉！家人是无辜的。他们在家是不定时炸弹，死后被讨债，朋友能躲多远就躲多远。我也是过来人，帮个小忙而已，人工又不用钱，还债啦。"

看着小李哥身上的刺青，我笑着对他比个赞，歌功颂德一下。小李哥心情爽，反问我："你知道我坐过牢的事情，但是我为什么做这个，你晓得吗？"

我摇摇头。

小李哥继续说："我那时候去贩毒，被关了，加上有家伙[1]和案底，所以被判了很久。我在监狱里面的时候，还想出来

1　指枪。——编者注

再干票大的，但是每次见爸妈和我老婆带着两个小孩去看我，我总是很难过，一直在想：'这样真的值得吗？'"

说到这里，我忍不住插嘴问："小李哥，你不是有四个孩子吗？怎么变成两个了？他们几岁呀？"

小李哥算了算："最大的十六岁，老二十四岁，老三八岁，老四六岁。"

我的算术不太好，所以不忍心算，只见小李哥头上绿油油的扁帽歪了，提醒了他一下。他把头上的帽子扶正之后，继续说："后来发生了一件事情，让我想做殡葬这一行。我的两个兄弟都吸毒，我进去的那几年，我爸有一天跑来找我，哭得很惨，说我哥夫妻俩托梦说他们死了。"

我很惊讶地问："被托梦？那你爸去找过他们吗？"

"有啊！我爸说那梦境太真实了，他梦到我哥跟我嫂子七窍流血地去找他，不说话，只是磕头，说着：'救救孩子！救救孩子！'在梦里，他们夫妻俩虽然是死人，却比活着的时候更像活人，因为吸毒的缘故，我爸好几年没看到我哥那种正常的眼神了。

"我爸一醒就立刻冲去我哥住的出租屋，一打开门不得了，夫妻俩死在里面，两个小孩就在旁边，那时候一个四岁、一个两岁，不知道在里面哭了几天，脸都黑了。

　　"那时候我们家里条件也不好，妈妈生病，家里靠老爸开出租车，没什么钱。我老婆做清洁工，带两个小孩已经很辛苦了，也没多的钱办丧事。我试着找人联络外面的兄弟，没人帮我。那些我带出来现在风风光光的小弟，以前围在我周围喊我哥哥的，居然都不见了，可能我自以为混得很不错吧，哈哈！结果到头来还是没人理的小混混，我很后悔。

　　"最后，家里把丧事草草办了，我对老婆说：'这两个小孩，我们以后一定要把他们当自己的孩子养。'所以，我对外都说有四个小孩。出来之后，只要听到因为吸毒而死并且家里无力治丧的，我都会去帮忙！"

　　听到这里，我觉得自己很蠢，小李哥头上的扁帽不是绿光，是圣光啊！一瞬间，我真的觉得，在这个世界上，这种知错能改的才是圣人，这种不计较付出而回馈社会的人才值得尊敬。

　　隔天的告别式虽然简单，但不失庄重，小李哥又帮助了一个人。看着老奶奶一直握着小李哥的手，对他说谢谢，我不禁跟着感动。

那是某个夜班，我和大胖巡逻的时候，看到小李哥从厕所里走出来，身上散发着奇怪的味道。他见到我们，眼神迷茫地走了。

而那一刻，我难过地笑了。

我们继续巡逻，我问大胖："你觉得吸毒的人真的能戒掉吗？"

大胖喝着麦香，说："假如毒品跟麦香一样好喝的话，应该戒不掉。"

是不是有些东西，碰过了就再也回不去了呢？

到底谁才是一家人

我常常在想：家庭是什么？是法律规定你们是一家人，还是情感认定了是一家人呢？是否一家人之间会出现一条金黄色的血脉，告诉我们"我们是一家人"？

在殡仪馆工作后，我对所谓的"家庭"观念越来越疑惑。

某天，我们接到一个人打电话来，说他家需要接运服务，所以我们就过去了。

一到现场，只见一个老妈妈在旁边哭，旁边的男子自称往生者的哥哥，另一个说是妹妹。哥哥守在弟弟旁边，妹妹安慰着妈妈，妈妈不断地在哭泣。

等到我们打包好遗体后，跟他们家属要往生者和申请人的证件，一看傻眼了。从我们进门到打包好，从来没有怀疑他们的母子和手足关系，但是身份证告诉我们，他们没有关系。

　　我问妈妈："那个……奶奶呀，往生者的身份证上，母亲栏是两条斜线，父亲栏也不是你先生呀。那你们的关系是……？"

　　我一开始以为往生者是她跟前夫生的，但是母亲身份不详的身份证不常见，所以多问了一句。

　　母亲一边哭，一边说："以前家里穷，小孩生下来后送给别人家养，那个人没结婚，所以母亲栏就是两条杠。孩子长大后，寄养的那个人往生了，小孩回来跟我住，住到现在生病走了。他真的是我儿子，这些是他的亲兄妹呀！"

　　我愣了一下，看看老大，老大也摇摇头，问："你们一家子那么大，没有一个人跟他有法律上的关系吗？"

　　他们仔细想想，还真没有。

　　正当我们想打电话去问这样做亲子鉴定报告不知道可不可以时，往生者的哥哥说："他还有一个儿子，但是不知道会不会处理。"

　　听他这么说，我们才放心，因为要到我们这里，需要法定家属当申请人，才能办理火化许可证。要是没人可以当申请人的话，遗体可能会被冰存很久。

于是，我们请哥哥打给往生者的儿子。

儿子接起电话，知道父亲往生了，回复："我今天预约了做汽车保养，明天再过去办。"

我们听到这些话，不禁想：到底谁和往生者才是一家人？

●

某天，有一家注重服务的葬仪社老板接了单业务，往生者是个大陆来的老人。

大半夜的，一位看起来三十多岁的女士来帮这个老人办入馆手续。我们问女士，她和老人是什么关系？她说是干女儿。我们心里咯噔了一下，对这个女士说："这样不行，你们必须要有亲属关系才行，不然都是进来容易出去难。"

那位女士很心急，告诉我们，老人家已经在医院里被冰了好几天了，他的老婆和女儿不处理，只有她愿意来办，还再三保证现在先让老人家冰进去，等到早上一定请他女儿来处理。

值夜班时会出现很多状况，这种情况也不是第一次发生，所以我们请这位女士写了保证书，先让老人家进去休息。

第二天，老板带了个女子来，说要办昨天没办好的文件，所以特地带她来认那个老人家。

那女子一进冰库就慢慢地走，仿佛不敢面对老人家一样。直到老板打开冰柜，给她看她父亲的时候，她才有点反应："爸，你怎么了？爸，你说说话呀！爸！"

我和老板都睁大了眼睛。

老板睁大眼睛是觉得：不是早就通知你说你爸走了？你这招在医院演会更像吧！

我睁大眼睛是在想：一般正常人从冰库被拉出来应该是死了，千万不要说话呀！

这位小姐显然哭不出来，但是想要说点什么。她看往生者的嘴巴旁边有两条线，是凹陷下去的，于是对老板说："你看我爸，为什么嘴巴旁边有两条线凹进去？是不是你们搬运时伤到他了？还是医院弄的？啊，一定是那家养护中心，是那个女人把我爸送去的。我等等问问那个女人为什么把我爸弄成这样。我告诉你，我不会善罢甘休的！她凭什么这样弄我爸？她凭什么来办手续？她凭什么把我爸从医院接出来？我要告死你们！"

　　我看着老板，想说老板是注重服务的，应该会向这位小姐道歉。想不到，老板一挺胸，大声骂了出来："亏你还是他女儿！你知道他戴了多久的呼吸器吗？戴到脸都陷进去了你知道吗？昨天听他的干女儿说，我就想骂你了！你他妈去养护中心看过他吗？你连他在哪家养护中心都不知道吧！告诉你，人家这位干女儿每个月都在支付老人家医院的钱，就是因为当年她家条件不好时，老人家帮她很多，等到你们不照顾老人，她才来照顾他报恩的。

　　"你自己的老爸经济条件如何，你们最清楚。你爸有多的钱给她花吗？她还跟我说，遗产她一毛都不会领，只希望在讣告上面宣称她是亲女儿，不是干女儿。

　　"你要打官司，可以。你再看看你老爸，把这些年你没看到的都看一遍。你看他的脚，他五年前摔伤，你看过吗？你看他的手，都变形了，你看过吗？告？你凭什么告！"

　　我也配合老板，想说小姐你要看，我就把遗体整个拉出来给你看，不要只看脸。

　　小姐听了，只是张大嘴，没说什么就走了出去。

　　她离开之后，我给老板竖了一个大拇指，他终于有一次不贪财了，但我还是忍不住问他："这个是你的客户，这样骂，要是没有赚钱，不就亏大了？说不定你可以多赚一点丧葬费。"

老板豪气地说："没关系，他的干女儿结账了，一次付清，不分期，已经赚够了。这个看起来就不会出钱，就算出钱也会和我们砍价，倒不如我骂一下比较爽快。"

我笑了笑，没错，还是要赚到了才能骂，如果没收到钱，这家伙肯定不会骂人。

等到他们都走了，我看看老人家，又在想：到底谁才是一家人？

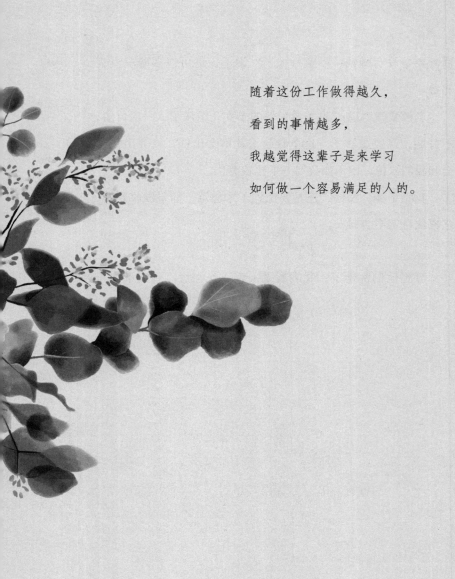

随着这份工作做得越久，

看到的事情越多，

我越觉得这辈子是来学习

如何做一个容易满足的人的。

名分，在某些时刻似乎不是那么重要

有一天，葬仪社老板带着一位老人家的身份证复印件进来，一来就把证件放在我们办公室的桌上。

我们一看有身份证，就问："这是等下要送进来的吗？"

老板赶紧说："不是啦，这个还没有死，不过他老婆快不行了。"

我一看那张身份证，哪有什么老婆，配偶栏明明是空的，会不会是个跟我一样常常幻想有老婆的老中二，想着想着，我突然有种感同身受的感觉，看着那张身份证也觉得顺眼很多。

老板一看我那张脸，就知道我想歪了，说："人家跟一个离婚的女人在一起很久了，只是觉得双方都年纪大了，也不谈娶嫁，时间一晃就二十年过去了。现在女的不行了，男的想问，是不是可以代为处理丧事？"

我们先问:"他们的户口在一起吗?"

老板摇摇头说:"各有各的户籍。"

接着我们问:"那要不要立个遗嘱之类的?"

老板摇摇头说:"只怕是没钱去找人处理。"

我们叹口气说:"那只能请社会局代为处理了。"

老板苦笑说:"老人家是想,在一起那么久了,总该为她办一下丧事吧。"

旁边的扫地阿姨突然开口问:"那……结婚呢?"

我们几个人皱着眉想一想:一个八十多岁,另一个快不行了,结婚嘛……

老板苦笑一下,"我回去问问。"

约莫一周后,老板带着一个老人家来办进馆手续,老人家把身份证拿出来,很是面熟,翻过去一看,配偶栏有个名字,而老人家坚定地说:"我要帮我老婆进馆。"

我看着这老人家,他看起来条件不是很好,如果把丧事交给社会局办理,真的可以省不少钱,"名分"这东西真的有那么重要吗?

某天，一个印尼籍的小姐把妈妈送进来，但我们怎么看资料，都看不出她们是母女关系。

那个小姐说，当年是她的阿姨先嫁到台湾来，为了让她投靠亲人更方便，她们用了一些手段，把她台湾身份证上的妈妈一栏填的是阿姨的名字，而真正的生母，她却要叫阿姨。

等到这个小姐在台湾发展稳定后，她接了生母来台湾住，没想到不到几个月，母亲就因为跌倒而去世了。

听了这个故事，我虽然很难过，但阿姨就是阿姨，而我们对外籍人士的设施费用减免，需要有直系血亲投靠亲属才可以。我们把这个情况告诉这位印尼籍小姐，她一听连忙挥手，问："设施费用不是问题，我想问的是，我可以以她女儿的身份帮她处理丧事吗？"

我们想了想，劝她回印尼问问，找出当初的资料去改改看，但是这样会花不少时间，到时候殡葬费用也会很吓人。

她想了想，看得出来很难过。

最后，除了登记的名分是阿姨与外甥女的关系，其他都是以"母女"身份在办，但是出殡时，她还是在棺木面前大哭，诉说着自己的不孝，没能以一个正确的名分去处理母亲的后事。

有时想想，只要心里当她是母亲，对她如同母亲一般地孝顺，是不是用这个名分真的有那么重要吗？

●

另一天，送来了一个男人，外面有位小姐哭得很难过。其实这也见怪不怪了，对于丧偶，我们倒觉得不哭的更稀奇。

但奇怪的是，这个男人也只有这么一个家属来，关系证明要后补。

就在我们要将他送入冰库的时候，那小姐问："能不能让我最后说一些话？"我们点点头。

她弯下身子，摸摸那先生的头说："老公，这是我第一次叫你老公，也是最后一次了，你在那边要好好保重。感谢你照顾我那么多年。你跟你哥哥，是我在这世界上遇到的最完美的两个男人。我爱你，你一路好走……"

她在冰库里面声嘶力竭地哭，但是出了冰库，却变得很坚强。

这时候，关系证明来了。

这件事情过去很久了，但是有时候我还是会想起那张户口簿，户籍栏里只有两个人，关系为叔嫂。

有时候想想，"名分"这东西，在此时此刻似乎不是那么重要了。

出家后当真可以心里没有家人吗

下班后，我骑车去赶一场快要迟到的牌局，我们的规则是迟到的人第一把自摸只能拍拍手，不能收钱。

其实这一天，我原本想千方百计推掉牌局，因为我遇到了一个尼姑……

●

早上的日子不太好，所以殡仪馆内冷冷清清的，没有什么人来。但是到了可以探视遗体的时间，来了一组很奇特的人：一个尼姑，后面跟着两个双手合十的老人家。

其实这也不能说非常奇特，有很多人都会带着师父来念个经，所以我也没有多留心，但是一进去后，才发现这组人有点不一样。

当我把遗体拉出来的时候，两个老人家跪了下去，这看起来有点反常。往生的是他们的女儿，他们为什么要跪呢？

我后来一想：啊，他们要跪尼姑师父来着！

我的猜想果然没错，他们真的是在跪尼姑。尼姑对逝者念经，一开始就像一般师父一样念几句，等到结尾的时候，却突然听到她说："姐，你现在解脱了。你聪明一世，却在感情上做了蠢事，往后跟着我上山，我带你去听佛经，跟着佛祖去修行……"之后又是一段经文。

我听到之后有点傻了，原来这位尼姑是逝者的妹妹，跪着的是尼姑和逝者的父母。这不太对呀，哪有父母跪子女的道理呢？

他们要离开时，原本父亲走在前面，母亲还拉父亲一下，说了句："让师父先走。"

尼姑听了也点点头，然后往前走去。

我看了这一幕，真的很震惊。

等到他们离开后，我忍不住去向他们家的殡仪师打听详情。

那位尼姑还真的是那对老人家的亲生女儿，在一个很大的寺庙修行。

这让我想起有一次看到一个老和尚，亲生儿子往生时，他不知从何处知道消息跑来看，也是看起来不带感情、很庄严的样子，但是在遗体前面念经时突然流下了泪，后来变成号啕大哭，真的很不符合他身披袈裟的形象。不过，在我眼中，这样才是正常的。

有时候，我觉得出家人很厉害，能够摆脱所谓的红尘，抛下一切去修行。对于外婆和母亲大于天地的我，真的无法想象。

我们最近要处理的"长老"中有一位女性。她的身世很可怜，她是个孤儿，嫁到夫家，后来膝下无子，丈夫离婚后跑去出家了。她也有些年纪了，不好找工作，后来变成游民……再就没有后来了，她就躺在我们这里了。

她夫家那边，有一个叫她姑姑的人愿意帮她处理后事，但是由于法律上不是直系亲属，还是得靠社会局帮忙处理。当时曾请她出家的丈夫协助，但是却没有消息，到最后，夫家那边也放弃了。她变成有名无主尸，只能参加我们的联合公祭。

出家，出家，我真的很不理解那到底是怎样的一种心境，或许是我历练不够，也或许是年纪未到。

我常常看着那些庙里的师父，在想：出家后当真可以心里没有家人吗？

下班前，我到外面透透气，发现诵经室那边，那位尼姑在念经，两位老人家跪在地上……嗯，他们跪的是佛祖。

●

我终究还是没有准时参加牌局，但是朋友没有让我第一把自摸不算钱，只是拍拍手而已，或许是他们感觉今天的我有了很大的体悟，或许是他们体谅我下班后飙车来参加这场牌局，又或许是今天见过尼姑的我打了三将[1]，一把自摸都没有，所以自然连拍手都省了。

从以前到现在，我都无法理解宗教，但是经过今天之后，我将一些忌讳铭记在心，因为我的皮夹里藏着比月底的空虚还要悲伤的故事……

1　"一将"指打四圈，即四个庄家都轮过一次，"三将"就是十二圈。——编者注

我们就是一群不肖子女

这天，我在冰库前看着两个老司机送人进馆，他们却满脸诡异地看着我，我心想：奇怪，送进来就送进来，看什么呢？

我看了一下身后的家属，不像是什么明星或大咖，也不像是自己会一直跟旁边来自灵界的朋友沟通的怪人，只是一个女人而已，为什么两个老司机一脸诡异呢？

趁着家属写资料时，我偷偷问他们："你们怎么这般神情？是接错人，还是捡到钱？看起来那么诡异。"

老司机之一看看我，说："小胖，你说得太准了，我们还真的接错人又捡到钱。"

这下换我满脸诡异了，"啊？"

他说："最近我们去接一个老人家，这家人应该很有钱。

老人家不希望自己死的时候穿医院的衣服，也不希望死的时候任人摆布，所以坚持要预约。他在医院快挂时就穿好了寿衣，而我们等在一旁，等到他断气后，把他接走。所以每当医生判断可能'差不多'时，家属们都会聚集在病床边，等他宣布遗言。但是我们去接了三次，三次都没成功。"

我满脸疑惑地看着他。

老司机接着说："每次他宣布遗言，总是说要给哪个儿子哪里的房子、要给哪个女儿现金多少……讲着讲着，可能因为遗产太多，也可能是回想起自己一生如此精彩、如此传奇，慢慢地，又回光返照了。简单来说，就是阎王还不收他。所以那个寿衣穿了又脱，我们去了又回，家属们一下喜一下悲，但为何而喜、为何而悲，也不好说。反正就这样来回几次。这次，我们终于接到了，不过我们是接他隔壁床的。"

我的眼睛瞪得更大了。

他继续说："这家子有钱但是比较节俭，住双人房，旁边也是一个老人家。隔壁床那位老人家也听这遗言听了不少次，可能是听着听着，觉得明明都活了八十多岁，怎么差别这么大；也可能是听得太入迷，忘了呼吸……总之，当呼吸器的哔哔声响起，预约的那个老人家的家属们都悲痛欲绝，老人家头也一歪，于是我们准备上前接运遗体。没想到，老人家的头又转回来了！他骂了一声：'哭什么哭！你们老爸还没死！'原来，去世的是隔壁的老人。隔壁床的家属们手足无措，我们就上前接洽了。你说，这是不是接错人又捡到钱？"

我听了，用力点点头，还真有道理。

回头一看，那个小姐写完资料，逝者准备要进冰库了，我帮他别手环。刚往生不久，老人家的手还是温热的。

女人握着她父亲的手，摸着父亲的头，看着父亲的眼睛，问我们："我爸爸的身体还是热的，他会不会等下就坐起来了？"

老司机看了看死证，我苦笑了一下，她也觉得自己失态，摸摸爸爸的额头，就回头走了。于是我们将遗体存入了冰库。

过了大概两个小时，来了一群人说要看逝者，我们问了名字，原来是刚刚那个老人的儿孙们，于是我们就打开冰库让他们看一下老人家。

冰库一开，尸袋一拉，真的不夸张，"唰"一下，所有人都跪了下去。

跪在前面的应该是长子，他悲伤得连话都说不清楚，立刻给自己两巴掌，埋怨自己为什么在老人家走的那一刻不在身旁，等到他来的时候已经是冰冷的尸体。

"为什么不等我最后一面……"

我看着这场景，出神了。

●

我父亲过世的那天中午，我还去加护病房看过他。晚上我跟朋友看电影时，我妈打了一通电话来，我心想看电影时不接电话，就没接。谁知道，第二通电话马上又打了过来。我立刻知道出事了，立马冲出电影院，给我妈回电话，并往加护病房狂奔过去。

一路上，我的心情很复杂，不知该悲伤，还是该替父亲、替我们感到放松，说不定内心最深处还有一点开心。终于，我们都解脱了。

进加护病房前，一切还是一样，在那个大大的病房门开启前，我在外面换上医院准备的衣服，戴上口罩和手套。

当那扇大门打开，我走到那个每天中午和晚上的开放时间我都会到的位置，看着我父亲。他走了。

我妈妈在旁边哭，不知道该怎么办。

我往前一步，看着我父亲那张瘦削的脸。其实早在几年前，我就没办法把在床上的他跟健康的他想成是同一个人。

那干扁的嘴唇，是我每天都要拿棉花棒蘸水替他清洁，才会显得红润。那萎缩的手脚，是我每天都要替他按摩，才会显得那是可以活动的器官。

我拿起旁边的卫生纸，替父亲擦拭脸上他离开前因为痛苦而流的汗，或是眼泪，又或是我的眼泪。

我告诉父亲，"结束了。感谢你在我人生里的将近三十年的日子。对你，对我，都结束了。"

有时候想起父亲，我觉得很可悲。我常常做梦醒来会一身冷汗，满脸惊恐，是因为我梦到父亲还活着，我们家必须过着和以前一样的生活，那个没有自由的生活——不知道何时他又在外面欠一屁股债，回来跟我们要钱的生活。

然后，我窝在被窝里抱着我的狗女儿，边哭边睡。狗女儿轻轻地舔着我的脸，好像叫我不要哭，它在我身边。有时候，我觉得我养的这个狗女儿，比我在床上的爸爸还亲。

我打了电话请殡仪馆来处理我父亲的遗体，然后给叔叔、伯伯、姑姑打电话，告诉他们，我爸爸走了。

殡仪馆的人来了，接走了父亲。

在父亲的遗体被送入冰库之前，我妈哭得很惨，我和我妹妹们则不知道有没有眼泪。

我摸摸父亲的手，还是热的。

我没有像此时眼前的大哥一样，打自己巴掌说没见到他最后一面。我妹也不像他们家那个女儿一样摸摸爸爸的手，问他会不会再次坐起来。我只是在心里默念一声："好好走。"

我们就是一群不肖子女。

我看着父亲被送进冰库，然后我走出冰库，看看天上的月光。

同样是月光，怎么今天显得特别温暖。

　　●

回过神来，我看到这组家属已经发泄完了，他们向我点点头，准备离开冰库。

我等他们都出去之后，把老人家的尸袋合起来。我看着老人家，心想着：真的，真的好羡慕你们家父慈子孝。

人死后，能带走的是什么？
而带不走的，又会变成什么

这天，我们接到了电话，告诉我们去急诊室接运尸体。

老实说，我们很不爱去急诊室，那里的护士都特别忙，每个人都像我们欠她们很多钱一样，看起来凶巴巴的。假如还有正在急救或好不容易大难不死的伤者，看到我们穿着一身黑，戴着口罩、手套，两个人一台推车，车上还放着尸袋，不论我们再如何亲切地对着路人点头，人家看到我们还是会觉得很倒霉！

记得某次，我们去一家很忙的医院，急诊室一阵兵荒马乱。当我们人到的时候，值班的护士冲我们点点头，带我们到病床旁，就离开去拿东西了。

　　同事和我看着眼前的两张病床，老实说，还真不知道哪个才是今天要带走的。于是我们先铺好尸袋，等着护士回来，这样比较节省时间。

　　说时迟，那时快，两张病床中，其中一位在睡午觉的伯伯起床了，看到我们身上穿着"××殡仪馆"的背心，尸袋都铺好在地上，其中一个胖子还冲着他微笑……霎时间，伯伯的脸色从刚睡醒的迷茫，渐渐变成惊恐。我到现在还忘不了那个眼神。

　　话说回来，当我们到医院时，病床上躺的是一个流浪汉伯伯。

　　我一看到他，就忍不住问护士："这个老伯伯卧床很久了吗？"

　　护士回答："没有哦，他是早上才送过来的。"

　　为什么我会这么问呢？因为我对这个伯伯的身体状况感到很诧异，他完完全全是皮包骨，整个胸口都凹陷下去。我对他直到这天躺在这里之前到底是如何生活的充满了疑惑，同时也为他解脱了而开心。

　　正当我们将流浪汉伯伯放入尸袋，准备走的时候，护士说："顺便把他的遗物带走吧。"她从病床上拿起一床破棉被，"这床棉被是跟伯伯一起进来的，就让他带走吧，至少让他最后一里路不要太冷，有点温暖。"

帮伯伯带上棉被后，我们推着车出去。看着这棉被，我想起在便利店打工时遇到的一件事情。

●

那年，我在便利店当店员，有时候上夜班，有时候上中班。

我们店旁边有个卸货专用的骑楼，深夜里会有流浪汉在那里睡觉。老板说，如果看到流浪汉们睡觉，要赶走，因为不美观，而且会影响客人上门。但年轻时的我比较热心，如果上夜班时遇到流浪汉，总会叫他们到没有监视器的地方睡。

某天我上中班，在店门外等着丢垃圾。垃圾车快来时，因为有客人上门，所以我先回店里结账，好心的清洁队大哥就帮我把放在骑楼的垃圾丢了。

我快下班时，有一个流浪汉很着急地跑进店里，问："弟弟，你有没有看到我的家当呀？"

我摇了摇头。他着急地继续说："就是放在骑楼的两个垃圾袋呀！里面有我的棉被跟衣服！”

我心想：完了，被清洁队大哥当成垃圾丢了。

年轻的我，一来怕赔钱，二来不敢告诉他那么残忍的事实，于是还是摇摇头。这个人急得哭了出来，又跑去两旁的店家问。从那天开始，我再也没有看到他。

那个时候，我才知道有些我以为是垃圾的东西，对其他人来说却是一切；而有些我觉得重要的，在他人眼里也许只是垃圾。

看着这床号称遗物的薄棉被，如果放在我家，不出一天就会被我妈丢了，而在这个流浪汉伯伯的眼里，这是他的一切，是他的所有财产。

接完流浪汉伯伯一周之后，来了一位老伯伯，是老司机去他家接他回来的。

这位独居的老伯伯，没有家属，同样是被棉被包起来就进来了，只是进来的时候，我们觉得他的棉被怪怪的，里面似乎有什么东西，于是我们把棉被拆开……

里面有现金、金饰、存折和印章！原来他把所有财产都藏在棉被里面，每天抱着它们睡觉。

老司机问我："哥，你不觉得他跟上次那个一条棉被的流浪汉很像吗？"

我说："哪里像？身家差那么多。"

老司机说："都带不走呀。那个只剩一条棉被的说不定更爽，花得一干二净才走。这样才是爽快的人生呀！"

老司机走后，我抽口烟，思考这问题：人死后，能带走的是什么？而带不走的，又会变成什么？

少了你，这世界还是一样在转动

这天下午很清闲，原本我等着下班，谁知道四点多时，电话铃突然响起来。

"小胖，有状况，××平交道口。"

哦……

卧轨不是不常见，但隔很久才会有一次，毕竟那么可怕的死法，不是每个人都敢去做的。不过，我心中一直有个疑惑，看看手上的手表，想着：为什么卧轨的人都选择在大家下班的时间呢？

但我还是跟老大前往现场，毕竟这关系到所有通勤的人，一刻都不能耽误。

现场这个平交道口，我很熟悉，这是一个很小的平交道口，在某个小社区的正前方。据我所知，这是这个平交道口发生的第三次意外了。

第一次约莫在十多年前，还记得是我十七岁的夏天。那天，我急急忙忙地赶车上课，到了平交道口这里才发现，被警察管制了，不让我们通行。

那时，我在心里骂个不停，一想到讨厌的教官让我登记迟到簿时的脸，我就很想冲过去，但是看到现场有第一志愿学校的书包以及散落一地跟自己一模一样的课本，不禁庆幸自己没什么荣誉心，也不会读书，更考不上什么第一志愿。所以我是只在乎上课会不会迟到，而不是如何得到好成绩、如何考上好大学的那种学生。

隔天，我们学校果真就传开了，某第一志愿的优等生因为压力太大，跑出去被火车撞了。

第二次是我已经进入社会了，某天经过这个平交道口要买便当的时候，发现又被管制了。

可能是那个时候家里情况不太好，加上自己也不太顺遂，所以在那里停留了一段时间，看着地上盖着白布的遗体。

静止的火车、忙碌的警察、无聊的路人以及没有呼吸的尸体，诡异又符合常理的画面，就这样发生在这个平交道口上。

那时的我，很羡慕倒在地上的人有这种勇气离开世界，不管生前有多少烦恼，现在倒在那里笑看这个世界，映衬着忙碌的警察、一直汇报的列车长、火车上的乘客、急着要通过平交道口回家的路人，仿佛回应着一句话："少了你，这世界还是一样在转动。"

现在看你们怎么转呀！

如今，我成为在旁边戴着手套和口罩、拿尸袋的人。

看着现场熟悉的封锁线，急急忙忙的交通队警察，惊魂未定的铁路员工，在停驶列车上探头探脑的乘客，旁边一些想通过平交道口却不断被警察建议改道的人群，住在社区里硬要出来看热闹的闲人……一时间，我还难以适应自己的角色。

远远地看到初中时的老师，他也看到我。我很热情地向老师打招呼，但他一看到我穿着殡仪馆的衣服，戴着手套、拿着尸袋，立马转过头。

我擦擦泪，唉，我竟然忘了，我工作的时候，大家都不喜欢看到我呀。

我们越过封锁线，看着现场的情形。

其实对比被火车撞来说，这个现场不算太惨。白布里面是一个扭曲的身体，四肢上没有什么伤痕，但是脖子呈现一个旋涡状，好像少了什么。警察指着大概二十米外的一个黑色物体，说："头在那里……"居然没有像电影画面一样满地血水，反而只有一小摊血，这倒是让我和老大啧啧称奇的地方。

铁路警察的压力很大，一直问我们多久可以捡好遗体，他们需要快速恢复通车，但我们只能说尽快。

捡到一半时，旁边突然出现一台接运车，原来是附近的殡仪馆员工过来了。我们对他笑笑，他一看到我们，也知道没机会了，只能离开。

当我们把大部分遗体放进尸袋，开始处理一些小碎块的时候，铁路已经等不及地通车了，我们在旁边慢慢地捡，一边还要注意火车。

也许是我捡得太认真了，没注意火车刚好经过，旁边的铁路警察也没看到，我突然听见老大在大喊我的名字："小胖！火车来了，快闪呀！"

我想我可能这辈子都没有那么灵活过，简直是洪金宝上身呀，连滚带爬地闪了过去！我心里想：好险，不然就要再叫一辆殡仪车来了。

　　我死里逃生看到的第一个景象不是赶来看我怎样的老大，而是刚刚经过的接运车绕了回来，那位同行满脸都是"还有没有需要帮忙？这边车上还有一个空位"的表情。看到他那张脸，我不禁流泪了，这行的友情赞助真的令人不敢恭维呀！

　　回殡仪馆的路上，我看着手机的实时新闻，问老大："老大，新闻是不是报道错了呀？说是误闯哎，误闯会只断两节铁路吗？而且监视器里拍到的明明就是这个逝者自己冲出去的。"

　　老大想了想，说："其实铁路意外，没有特别留下遗书的都会被判定为误闯，因为这样也算是不让留下来的家属有太大压力。你想想，假如一开始就说是自杀，那家属们要怎么面对被影响到的民众，要如何面对铁路公司的求偿？唉！人都死了，有时候死因就不要太过于追究了。你信不信，明天验尸结果出来，应该也是意外，而不是自杀。"

　　我抽了支烟。自杀就自杀，该赔就赔。难道当天乘车的人活该倒霉吗？为什么一个人自杀，全世界都要依着他？

直到隔天验尸的时候，来的人是逝者的儿子，他一脸悲戚，脸上更多的情绪是错愕和不敢置信。

原来，他父亲是抑郁症患者。他们的生活不差，为什么他的父亲会这样？他一点头绪都没有，仿佛这铁道有吸引人的地方。监视器也录到原本在旁边吃饭的逝者，不知道为什么，看到火车来就往前冲。

接下来没有后续了，开出来的相验证书的确没有提到自杀。这件事情再也没有人提起。也是，把责任转嫁到留下来的人身上，的确有点不合理。

我想了想：嗯，这次"误闯"就这么结束了，但是这个平交道口、这个社区，我应该还会再来吧，毕竟这样"误闯"的人还是会有啊。

值得一提的是，那天我们刚到现场时，就发现社区管委已经在烧纸钱了，警察问他是不是认识往生者，管委说："只要这段铁路出事，我们社区就有事，所以我先烧个纸钱。"

然而，是不是真的这样呢？

第二天，有三辆接运车在那个社区进出，有三家殡仪馆老板有生意，有三个生病的人都刚好在那天过世。

房东的反扑

在我的故事里面常常都会有一个倒霉的房东，后来我才发现，几年前有人破解了这个窘境。

某天，我和老宅出任务，那是一个分租套房，一层楼分成 A、B、C、D、E……室。

逝者是个学生，似乎是在分租套房内暴毙的，尸体过了好一阵子才被发现，因为正逢暑假，大家都回家了，等到快开学才回到宿舍，却发现隔壁房奇臭无比，报警后才知道，再也无法跟这位室友见面了。

逝者躺在一张电竞椅上，身体因为过度肿大而被整张椅子卡得紧紧的，计算机屏幕上显示着"YOU LOSE"。

人生的最后一场游戏没有赢，还挺讽刺的。

下面还留着队友们骂他"中离狗"[1] 的留言，他们可能没想到，在计算机另一端的那个玩家真的"中离"了人生。

鉴定组东拍拍、西找找，看看地上有没有一些蛛丝马迹。小小的套房里是满地卫生纸、堆积如山的饮料杯，电饭锅里还有两只发了霉的粽子。

旁边赶来的妈妈哭着说，孩子从端午节后就断了联系了。床上有一堆没洗的衣服，就是一般大学生的宿舍。

警察说房东帮他们打开门后，说要去准备一些东西，接着就在外面一直打电话。

当我们在思考如何将逝者从被卡住的椅子中拉出来时，房东才又出现。他看到我们只是笑笑，我们看到他却大吃一惊。

房东的心情这么轻松，难道是他的房子太多了，还是衰到习以为常了？

都不是。

这个房东是我们认识的一家殡仪馆老板。

他冲着我们笑眯眯地说："辛苦了，辛苦了。等下运回去以后，我来处理就好。我先跟家属商量一下这个丧葬事宜，

1　指游戏玩到一半，各种因故离开的玩家。——编者注

等下再请我的弟弟来清理。"

哎呀，原来是这样！他以前赚了点钱便投资房地产，当起包租公，现在竟然将两个产业结合，准备发大财啦！

回到殡仪馆后，老板笑眯眯地跟我们聊起他的阴阳宅投资经验。

他根本不怕阴宅，收了一堆阴宅再便宜出租，租完之后自己清，甚至当初还限制有家属陪同的才租给他们，以便之后要处理时找得到人。

阴阳双栖，这简直是产业链呀！

我问老板："这样赚钱吗？"

老板拉着我到一旁，小声地说："凶宅很抢手，不只我在做。你想，现在那么多房东租房子给人，既怕活人太穷缴不出钱来，又怕活人太宅死在里面，有些人特意租房来自杀，或者有病死的。还不如我们殡仪馆的人当房东，一条龙，怕什么。"

接着他又说："至于好不好赚嘛……嘘，这不好说，你自己回去查一下我的业务量，有记录的。"

望着老板嘴角神秘的微笑，原来，这就是房东的反扑……

PART 3

以为是真的

有的悲伤，这辈子很快就会忘，
可能要下辈子才能明白

人为什么爱赌

一讲到明牌，就想到那个烂赌鬼师父，他常常开着出租车来殡仪馆诵经。

这天，看到师父聚精会神地盯着某个灵位前的香炉，看着看着，突然间好像触电一样抖了一下，接着他回头告诉我："明天买湖人。"

我望着师父，他面色憔悴，印堂发黑，挂着两个大大的熊猫眼，看来是最近每天跑出租车还债，还到大家都不叫他了。因为他不是念经念到快睡着，就是叫他的时候，他还在开出租车打工。

看他打工也打得不太好，你想想，要是你搭出租车时，司机突然接到电话说：

"啊？等等，头七哦？可以可以，我的道服跟家伙在后备厢，等等过去。"

"啊？车祸招魂？我等等载完这个客人就过去招！记得不要叫车哦，等等上我这台车，让我多少赚一些。"

或是贴心到只要上桥、过隧道都会提醒你："来哦……上桥哦……""来哦……过隧道哦……"

这样还没有被乘客投诉的话，已经是祖坟前冒青烟了，怎么可能会生意好。

今天他好不容易捡到一个引魂的工作，刚拿到钱就想花掉，真的有点替他担心呀。

我劝师父说："唉，你已经吃了那么多天泡面了，那些钱拿去吃点好的吧，你这样到时候又要吃泡面了！"

师父一脸神秘地笑了笑，指着灵位前掉落的香灰说："我看到明牌了！"

我看着那个灵位，再看看这家伙的相片，哇！狂狂狂，这是我见过最狂的遗照了，往生者抱着好几本千元大钞笑得合不拢嘴，桌上拜一堆东西，有骰子、扑克牌、四色牌和一副小麻将。

"这该不会是赌神吧？"

师父笑一笑说："天机不可泄露。"就转身走了。

我立刻拿出皮夹看看生活费还剩多少，再看看今天的日期是二十八号，留三天饭钱，其他全部下湖人队去了，幻想明天可以吃自助餐了呢！

隔天，我早上起来看一看比赛结果。上班的时候，早餐买了三明治，午餐去小七（7-11连锁便利店）买泡面，小七店员亲切地问我："泡面第二包八折哦！"

我很不爽地看着他，心想：真混蛋，输一天就够衰了，还要我输两天！

泡泡面的时候，感觉到后面有一股衰气在等我的热水，我忍住把热水泼过去的冲动，回头说："师父，说好的明牌呢？"

师父拿着泡面，满脸委屈地说："唉！我以为那个人的那些钱是赢回来的，结果刚刚去他灵前准备给他一道符，跟他说以后不能乱报的时候，看到他的家属在灵位前哭哭啼啼。我在旁边偷听了一下，好像是爱赌，死之前拿房子去抵押换现金，想说输赢看这一次了，还拍了张照片，赢了当相亲照，输了当遗照，然后就进这里了。这个真的不能相信，我要戒赌了。"

　　我看着师父，叹了一下气，反正也是我自己爱跟，怪不得别人，算了。

　　●

　　过了一个月，我去接一个案子，两个人一起自焚，买了一堆汽油桶放在车上，开到郊区，点了把火，结束了他们的一生。

　　那一回，我第一次看到什么叫"烧到都不剩"。现场只看到烧焦的脑壳，一移动脑壳就掉下来，全身上下的器官都露了出来，连男女都分不出来，我们只能从由于大火黏在车内的脚底板看是男鞋还是女鞋，来判定到底是男是女。

　　一时间也找不到往生者的家属，就先把遗体送回公司让他们安息。

　　回到公司之后，我看着师父仰头向天，好像在盘算什么。他算了一算，问："你刚刚接双尸吗？"我点点头说是。

　　他闻一闻我身上的味道，问："烧炭？"我摇摇头。

　　师父眉头一皱，再算一算，问："自焚？"我点点头。

　　"明天买湖人！"师父坚定地说。

　　我大吃一惊，又来？

　　师父神神秘秘一笑，对我说："这次稳稳的。"

我心想好吧，再试试看，又跟着他下了。

隔天，我起床看看比赛结果。上班的时候，我早餐买了三明治，午餐买了泡面，店员还是那句话，"先生，我们泡面两包打折哦！"

我苦笑一下，打给师父。师父说："对对对，我正打算打给你，记得买两包泡面。"

验尸的时候，往生者的家属没到，但业者到了。业者刚好是两位往生者的远房亲戚，在等法医来之前的时间跟我们闲聊。

"唉！他们家以前条件很好呀，我表舅留了很多钱给他们，于是他们玩股票，玩到后来变成这样了，连家属都不敢来。外面那两辆车都是放高利贷的，就在外面等家属来。你说，人活到这样多惨。"

等到出殡时，家属还是不敢来，但是为亡者哭的人很多，都是清一色的黑衣服，银行下班后，他们才上班的，不论是小额贷款，还是房屋二胎[1]，他们都收，就是不收烧过去的纸钱。

---

1 指先以房屋与银行进行第一次贷款，再找另一家银行抵押借款。——编者注

当我告诉师父这件事情的时候，师父告诉我，这次真的要戒赌了。

●

过了一段时间，我又遇到师父，他在帮一家殡仪馆做法事，殡仪馆老板换了一块新表，沛纳海的，大概三十多万，我和师父看得口水直流。

老板笑眯眯地介绍他的手表，我们问他最近怎么发财了，他说："感谢 ×× 魔人。"

听到这个"×× 魔人"，我和师父心里一惊：这不是在社交媒体上很红的专业运彩分析团队吗？一大堆人拿着钱、开着好车，每个人都说："感谢 ×× 魔人，让我的人生多一笔收入，现在的我，不用上班就可以赚钱。我成功了，你呢？"

难道真的有用吗？

于是我跟师父一起点赞、分享、加联系方式，得到了一个明牌："明天买湖人"。

隔天早上，我起床看看结果，去上班时买了三明治当早餐，到了小七，我直接问店员："请问泡面买两包会打折吗？"

中午，我和师父吃完泡面，怒气冲冲地去找殡仪馆老板，老板还是笑眯眯地解释说："我的意思是感谢他们，我才有案件可以做。昨天那个就是输一屁股债自杀的，这个月已经第三件了，有些人输一次不会自杀，但输五次就自杀了！"

我和师父当场傻在那里，两个人对视一下，一起说出："这次一定要戒赌！"

某天，我又遇到了师父。"这次湖人……"

其实我的年纪并不是很大，三十有二，但是我身边至少有五个朋友为了赌债跑路，甚至自杀。

人为什么爱赌？

有很多原因，或无聊，或消遣，或没目标，又或是跟自己的死薪水赌一把。

真的有人戒赌成功吗？

活的我不知道，但是我们每个月都会接到很多"成功"的案例，因为他们没法再赌了。

要不要相信热心人

曾经听人说过，台湾最美的风景是人。

我十分赞同这点。我们去接运遗体的时候，常常有热心的人在现场，有时还会帮我们包好。我们要帮忙，他们还会生气地说："你是哪家的？要来跟我抢是吧！"

那些人长得都很面熟，不过一听到：

"我们是公立的。"

"这个是社会局通报，没钱，没家属。"

"这个有生前契约的。"

这些人一瞬间就变得不热心了，也不知道为什么。

有一次，我们大概傍晚去执行任务，快到目的地的时候，放慢了速度，左顾右盼地找车位。有个店家看到了，很热情地帮我们找，他脸上的笑容像是见到失散已久的家人一样，那样的真诚，那样的温暖。

"先生，两位吗？真有眼光呀，我们这边刚来新的小……"

刚停好后下了车的我们穿着制服、拿着尸袋，看着他。

他那个笑容在看到大大的"殡仪馆"三个字时，瞬间没了，而我们这台衰小车也被赶走了。

至于他为什么原本笑嘻嘻的，一见我们下车却又立刻赶我们走，我抬头看看招牌，没看到店名，只看到"999"……

嗯，我晚上再来看看原因好了。

还有一次，我们去一栋大楼接遗体。当时里长请身为发现人的住户开门，警察带着我们去。

到了现场，嗯……往生者已经去世大约一周，腐尸的味道弥漫整层楼。我们很好奇为什么现在才有人报案，但是看看大门深锁的邻居，也大概知道原因了，这种闲事还是少管一些比较好。

等鉴定组拍好照，发现现场的住户和里长随着警察去做笔录，我们则回车上拿担架，准备上楼将往生者带回殡仪馆休息，结果一个不小心，楼下大门关上了。

我们挨家挨户地按铃，都没有人愿意帮我们开门。我问老大："为什么明明看到窗户后有人在看我们，却没有人愿意帮我们开门呢？"

老大叹一声，回我说："也许是我们突然有阴阳眼吧，台湾人不可能那么冷漠。"

我"哦"了一声，原来我像大胖一样看得见呀。

于是我们在楼下等了快四十分钟，直到里长带着发现人回来，我们才终于一起进门。

里长来的时候，对着窗户骂："你们这些人，大家做邻居十几年，帮忙开一下门会死吗？"

咦？原来里长也有阴阳眼呀！

来说两个热心青年的故事好了。

某天半夜，有两个热心青年打电话报案，说他们在郊区看到一个倒在地上的老伯伯，好像是被车撞到了，警察就派人过去。到现场，很明显老伯伯已死亡，于是连救护车都不叫了，直接叫我们去接运遗体。

隔天，家属知道消息后，悲痛地赶来殡仪馆。谁会知道昨天好好地出门，今天相见却是在殡仪馆里。

悲伤归悲伤，确认是自己的家属后，也得面对现实，准备丧葬事宜，于是找了葬仪社来处理。

当天下午，正是警局预计要验尸的时间，两个热心民众和丧家一起在殡仪馆等待验尸。丧家很感谢发现者，要是没有他们的话，老人家不知道要在路旁躺多久，两个年轻人直说不用客气，然后丧家拿了一个大红包偷偷地塞给他们，年轻人也收了下来。

我们在一旁很欣慰，现在这种人不多了。

我想到在清洁队工作的亲戚曾捡到一个空皮夹，里面有证件，他就把皮夹寄回给主人，结果主人告他偷皮夹，因为皮夹上有他的指纹。从此我这热心的亲戚变得不爱管闲事，所以这两个年轻人难能可贵呀！

大家等待的法医来了，相验的结果是有多处骨折，头部重创，失血过多死亡的。验尸官也问了一些问题，并没有什么异常状况，于是决定等待警察调出监视器再说。

这件事情就暂时告一段落。

直到两周后，我们再度见到那天的两个年轻人，却是被警察押来的。

原来当时附近路口的监视器拍摄到，进去那条小路的只有他们的车，而小路出口的那架监视器，也只有他们的车出来。短短十分钟的路，他们开了四十分钟，并且交代不出原因。

"唉！原来两周前我们认为的热血年轻人是这种角色呀！"老宅在冰库门口摇摇头说。

我倒是很在意那个包红包给凶手的丧家，他内心的阴影面积到底有多大，是否以后他就不再相信任何人了呢？

有的悲伤，可能要下辈子才能明白

炎炎夏日，事情不多，我边看电视，边扇着扇子，这时从化妆间走出一个化妆师对我说："哥，我化好妆了，扇子我要放进去了。"

我看着手上的扇子，感到有点依依不舍……

扇子怎么来的呢？一般往生者入殓的时候，棺材里都会放扇子、梳子、手帕之类的，今天天气实在太热，来跟菩萨结个缘借一下，不过有借有还，再借不……

呃……

还是不要再跟他借好了。

化妆师看着电视，突然扑哧一笑，我有点好奇就跟着看，也扑哧一笑。

电视上，一个小朋友站在灵堂前面，灵堂上放着一张中

年人的相片，小朋友面色凄苦，下面的标题用斗大的字写着："酒驾酿祸撞死路人，中学儿子无力治丧"，捐款都很踊跃。

化妆师说："台湾人真的很有爱心呀！"

我笑笑没说话，想起前阵子看到的一件事，当事人也是无力治丧，结果募到一堆款，丧事办起来比一般中产的还要豪华。

我笑笑问化妆师："你怎么看？"

化妆师说：

"还不是那样，募多少款做多少的场，五万有五万的场，二十万有二十万的场，不敢说全部，大部分都还是实收的，不会因为你今天是募款的，棺木就从六千变三千。再说，今天你买棺木要别人发善心，礼厅、灵堂、师父、人力和老板也要一起发善心才行呀！假如其中一个不想便宜卖，但另外一家殡仪馆便宜卖，那钱岂不是被赚走了。

"再说，那些因酒驾出车祸的，光这个月，你还少看吗？比他穷的你有少看吗？看看那个弟弟的灵堂，个人的，一天起码也要一点钱，你看看我们免费的大众灵堂，排队排得满满的，上次也有个说无力治丧，真的是很无力的那种，带孩子一起走，其中一个留下来了，然后善款太多，他们用了一天两三千的灵堂，你想想看多少人可以用那些灵堂，可能很多中产的人都没办法。

　　"唉，我真心觉得那个菩萨很可怜，希望他一路好走，也觉得小朋友很可怜，那么小就要背那么大的责任，但是善心能不能均分到每个人身上，却还是个问号呀！"

　　我扇一扇手上的扇子，的确，这边不能办丧事的人还有很多，虽然有联合公祭，但是很多时候却连公祭都帮不上忙。

●

　　记得某天有个案子，往生者是被人砍死的，似乎是由于感情问题。遗体被送过来的时候，身上大大小小的刀伤大概三十多处，连脖子都快被砍断了。

　　往生者的家属都是长辈，白发人送黑发人已经很难过了，无奈家境又不好，不过不知为何，他们不想要联合公祭，或许是不想跟别人一起办，又或许是想要自己选一个好时间，让往生者可以顺利前往极乐世界，所以也婉拒了一些单位协助，像被害人协会、里长、社会局等等。

　　印象中，家属是几位很老实的老人家，有人帮助他们，他们都会不断地说对不起。

　　"对不起，给你们添麻烦了，很感谢你，真心很感谢你们，但是自己的小孩，我们会处理，这是我们的责任，真的

很感谢你们，对不起。"

于是大家也觉得，好吧，既然老人家都这样说了，那就
算了。

丧葬部分筹钱处理了，但是缝补（尸体）部分却迟迟没
着落。

他们找了一家很有佛心的葬仪社，得到的报价是万位数。
老实说，四十多刀差点断头，这个报价很低了，已经佛到头
上有光了，但是几个老人家还是凑不出来。缝补师也要生活，
假如每天做功德就可以饱的话，就不会有这个问题了。

正当家属要放弃的时候，有一个礼仪师告诉家属："我可
以找到善心人士帮他缝，功夫可能会差一点，但也不会太差
劲，不知道你们愿不愿意？"

家属一听，差点哭了出来，别说技术不好，就算是刚学
想要练功夫的也没关系呀！

礼仪师见他们愿意，便拨了通电话与善心人士商量，然
后告诉家属："到时候包个小红包，多少都可以。"

"真的多少都可以吗？"

礼仪师再拍拍老人家："阿伯，你放心，真的多少都
可以。"

直到缝补那天，我一直在等待究竟是何方神圣来做。等着等着，看到了大胖庞大的身体，一步一步坚定地向冰库走来，手上拿着大大的箱子，走到我面前的时候，对我微微一笑。

我心里一颤，真是人不可貌相，真的是大胖你吗？这就像电影《破坏之王》里，何金银说他是蒙面加菲猫一样，让人不敢相信。

我深呼吸一口气，慢慢地问大胖："真的是你吗？善心人士？"

大胖点点头，专业地从大箱子中拿出了一瓶冰麦香。我看着箱子里面满满的冰块，还有饮料。

"死胖子，警卫室没冰箱，你就给我带着便携式冰箱来上班，害我还以为真的是你！就知道你才没这么好心！去旁边啦，浪费我时间！"

把这个胖子赶走后，来了一个认识的大哥。

这位大哥平常帮礼仪公司开灵车，偶尔站场当礼生、抬抬棺材之类的，形象很粗犷，有时候开灵车赶场赶太急，乱停而挡到车子进出，他都会"客气"地问候别人的长辈是否还在人世，类似："×你××，你车乱停是家里××吗？"

由于用词太过文雅，所以给个马赛克。

那个大哥来的时候二话不说，"小胖，我是来缝补那具尸体的，帮我开一下门。"

我真的大吃一惊，完全没想到会是他！不知道这个大哥到底是会还是不会呀？

当我把往生者抬上缝补台的时候，再次看看遗体，还是觉得很可怕。光是浅的伤口都快看到骨头了，更不用说其他的，肚子里边的脏器都快流出来了。

只见大哥不慌不忙地拿出家伙，是一个古老的缝补箱，我正想着里面不会是三秒胶之类的东西吧，结果打开来一看，是很专业的缝补器材。

缝补室没有冷气，大哥脱下上衣，转身后，我恍然大悟了。

"原来这位大哥是有经验的呀！"

大哥双手都有刺青，年轻的时候应该干过荒唐事。他的背上虽然也有刺青，但已经看不出是什么图案。被什么掩盖了呢？

是刀伤。

"别看我这样，我有经验，学过的呀！"

我看了看他的背，心里很疑惑：他所谓的经验是缝补经验？还是被缝补经验呢？

小胖心里疑惑，但小胖不说，因为小胖不想变成死胖子。

大哥边套上手套，边跟我聊天。

"以前呀，年轻不懂事，逞凶斗狠，老大叫我砍谁，我就砍谁，老大叫我砸谁的店，我就砸谁的店，警察局也去过了。有一次，我在外面跟人斗输赢，结果被一群人围起来砍。呐，你瞧瞧我的背，我那个时候差点被砍死。

"在医院躺着的时候，我妈妈在旁边一直哭、一直哭。做兄弟真的有用吗？我这样拼得到了什么？我这条命是捡回来的吗？被我砍的那个人现在怎么样了？后来我知道那个人怎么样了，是法官告诉我的。

"直到在他灵前上香的时候，我才知道：啊，这家伙长这样呀！因为那时灯光昏暗，我没看清楚他长什么样，别人叫我砍我就砍。他的长相我现在记不住了，但是对方妈妈的脸，我一辈子忘不了。

"蹲了好几年，出来后，有时候想去他家看看，却一直都不敢去探望。后来也不知道能做什么，就学了这个，好笑吧？有时候，我还会跟他们说对不起呢！"

我在旁边看着、听着，不知道该回什么。

"你知道吗？这工作越做越可怕，越做，越不知道当年的我在干什么，现在那些混的在干什么。为什么我要在这里缝一个为了一口气就被砍死的少年，另外一边却正要关当年跟我一样一时冲动的少年？人生，就这么无聊吗？

"你看这个头，被砍成这样。唉，梁子有那么深吗？他们终究有一天会明白的。"

旁边的我想一想，嗯，一个关完十几年后可能会明白，一个要下辈子才会明白。

大哥缝补尸体需要一点时间，我不吵他，于是回办公室守着。五小时后，他来跟我说搞定了。我看着缝补完的遗体，技术真的不错，该补起来的都补起来了，该遮的也遮住了，真的很厉害。

隔天出殡的时候，几个老人家在棺木前做最后的遗容瞻仰，看到了往生者，个个痛哭流涕。

"阿明，真的是你，你已经都好了。阿明，今天帮你弄得漂漂亮亮的，你要好好走呀！阿明！阿明呀！"

虽然这种场面看多了，但是常常还是会跟着难过。我转过头去，不想再多看这画面，却看到远方的善心大哥眼角似乎有泪光，似乎说着："满意就好，满意就好，来世一定要报答你的这些家人。"

丧礼结束后，老人家拿着红包，却怎么也找不到这个善心人士。礼仪师对他们说："可能善心人士觉得你们有缘，不愿收吧。"

老人家拿着那薄薄的红包向四面八方拜了拜，说："谢谢，谢谢，对不起。"

●

说完这故事，我看着还在沉思的化妆师，叫了叫她，她回过神来，说："可惜了……"

我问："可惜什么？"

"可惜不知道红包里面有多少钱……"

我笑了一下，钱的确很重要。

眼看时间差不多了，化妆师说："哥，不聊了，我还要赶着下个亡者，下次再聊。"就急急忙忙地推着棺木前往空荡荡的礼厅。

这行的爱心件很奇怪，完全不跟家属拿钱的是爱心件；不向家属拿钱，然后拿募捐款的也是爱心件，有时候所谓的爱心件比办一场正常的丧事还赚，这真是让我想不通。善用爱心赚钱的人会如何呢？

我脑中出现了一群人，想了想他们的下场……啊，原来是会有钱呀。

我扇了扇手上的扇子，这样的话，我还是穷下去好了。

啊！扇子怎么还在我手上呀！

一直抢快真的会一直爽吗

　　说到殡葬业，不知大家想到的是笔挺的西装、专业的笑容以及治丧时梳着的油头，时时刻刻来关心您的印象？还是穿着背心、咬着槟榔，一下请烟，一下请酒，来灵堂跟老人家聊天呢？

　　在这里，两者都还挺多的。但是我认为以目前的消费模式及转型状态，那些比较古早的从业者应该有天会被淘汰吧。

　　暑假到了，来了不少实习生，现在要说的这位显然是走本土派，他是新进的老司机，姑且叫他"阿弟"吧。

　　他第一天来的时候，我们看了看他的样子，很有礼貌地问："出来多久了呀？之前在哪里蹲呢？"

　　阿弟很大剌剌地说："还没蹲过啦！大哥，不要这样，我还是学生，刚刚入行，多多指教。"

　　我听了，难过地拍拍他的肩膀："唉！别难过了，我大学

也没毕业呀，我还高中学历呢，还不是在这里混得好好的。学历在这里不代表什么，用心做，不要误入歧途就好。你是自己休学？还是被退学呀？"

"暑期打工，在学中。"

我"哦"了一声，把手收了回去。

看着笨手笨脚的他，我本来还想问："毕业后，打算去哪里蹲呀？"后来还是把话吞了回去，毕竟以貌取人不是件好事。

但是阿弟也没让我们失望，刚满十八岁就考到驾照，贷款买了一辆车和一辆摩托车。他果真走台客路线，每天都摇下车窗，把喇叭开到最大声，开车横冲直撞的。

我觉得很诡异的事情就是，很多实例告诉我们，骑那么快的确会死。

记得我高中拿到摩托车驾照的时候，学校老师跟我说："有时候出车祸不是技术问题，而是几率问题，就算你技术再好，遇到紧急状况还是反应不了，所以不要贪快，至少你有更多的时间反应。"

那时候还年轻，不懂这句话的意思，等到我懂了之后，已经是我收到两张超速罚单以后的事情了。

从此以后，我骑车都不快。

画面再回到殡仪馆……那天，外面一声巨响，跟大家想的一样，阿弟出车祸了。

他这次比较倒霉，骑摩托车撞到车子，汽车的前面被撞烂，整个引擎盖都凹了下去。再看看阿弟的摩托车，无法想象那团废铁曾经叫作摩托车。

阿弟躺在地上，全身是血，看着那插出来的骨头，应该是开放性骨折。

其实这件事，两人都有错，两人都超速，但是看阿弟的情形，真的不忍心苛责他。

他家老板在医院忙车祸案件，一听到立刻在电话那头说："叫他等我，我下完这具遗体就去接他。"

听起来虽然不太妥，但也知道老板很着急，而身为当事人的阿弟在旁边惊恐地摇头。

这里的人们也都很热心，来来往往的接运车都来问：

"要不要载你去医院呀？我回去放一下担架，床还可以躺。"

"等我一下，我这场快出完了，等等载你。"

"医院急诊我熟，我刚回来，等等载你过去。咦？挂急诊跟往生室在同一边吗？我只知道往生室在哪里……"

感觉得出大家都很热情、很关心，但是私家车怕脏不敢开，而公司车只接出医院，没接进医院的，拜托你们还是不要提为好，要想想那个阿弟其实还好好的呀！

阿弟也知道虽然迟早会坐这种车，但是还不到时候，就很坚定地等救护车来。

就这样，阿弟被救护车接走了，而往后很长一段时间，我们应该看不到这个阿弟了。

●

我第一次见到车祸死者时，并不是去现场接的，而是我半夜值班时被人送过来的。

记得那天我泡了泡面，在等面好的时候，我刷手机刷到一个脸书社团，有个小姐请大家协助寻找行车记录仪，说她弟弟出了车祸，希望有行车记录仪帮忙澄清。

那时候我看得入迷了，因为那个姐姐很漂亮，于是我点进她的脸书看看照片，看着看着，突然呼叫器传来一声："进馆。"

而家属进来的时候，我傻眼了，就是那个姐姐呀！所以他们一坐下来，我就直接问葬仪社的人："哪家公司的？"

葬仪社的人也傻眼了，看着我仿佛是看着算命仙一样。

我也酷酷地装样子，不再说第二句话。

但是车子不是来了一辆，而是两辆，后面那辆车的家属下了车，眼神充满怨恨，一直瞪着前面那组家属。

到底是为什么呢？这点我这个两光的算命仙就算不出来了，偷偷问葬仪社的人说："哎哎哎，后面那组干什么的呀？"

葬仪社的人白了我一眼，好像在说你不是什么都知道吗，再装呀！然后他告诉我："这年轻人载女朋友夜游，好像是闪车时撞到护栏，然后两个都进来了。"

难怪后面那群家属是这种眼神。

资料写好后，两个往生者的遗体就要被送进冰库了。到了进冰库前，让家属再看最后一眼时，原本状况就不好的家属崩溃了……男方家属一直哭着骂儿子骑那么快干什么，女方家属也跟着骂就是他骑那么快，害自己失去了宝贝女儿！女方爸爸甚至崩溃到去打男方的爸爸，而男方的爸爸没反抗，任由他打。

一旁的我说："唉！何必呢？两方都是受伤的人呀！这样吵，他们的小孩也回不来呀……"

葬仪社的人拍拍我说："不让他们这样释放一下，他们会更不好过的。别看男方父亲这样，要是我今天出这种事情，我也希望对方家属来打我，至少我心里过得去一点。"

我心想也是，于是退到旁边，让他们发泄一下，毕竟对于两个从此不会再回应他们的人，说不定动作越大，闹得越大声，他们在地下越能听到吧。

家属回去的时候，差不多是十二点，我也下班了。骑车回家的路上，一群少年骑着快车停在我旁边。

我看着他们的车子改得很拉风，不断催着油门，等着红绿灯一到就要开始飙车了。后座载的辣妹见我在看他们，一脸就是"你在看什么"的感觉。

之前的我总会想："瞪什么瞪，总有一天服务到你。"

可是此时此刻，在这红绿灯下的短短三十多秒，我很想跟他们说这个故事，告诉他们有天出事，你的家人会多伤心。

但是等到绿灯亮了，他们油门一踩，飙了出去。

一时抢快一时爽，但，一直抢快真的会一直爽吗？

假如我有两个铜板，我会掷筊[1]问躺在那里的那两个人。

---

1 掷筊，也作"掷珓"，是一种道教信仰问卜的仪式，普遍流传于华人社会。——编者注

路太熟不是一件好事

炎炎夏日即将结束，也意味着开学季要开始了。

这天，我和老宅到一个学区附近出任务。老宅不是本县市人，不过这次出门却不需要导航，直接到目的地。

他说："做这行的，路太熟不是一件好事。"

●

我常常说自己没朋友，活动地点都在家附近，而且本人号称"肥宅"，肥就不用说了，宅就是十足十的宅，很少出门，虽然在这地方住了十多年，但是除了早餐店和便利店之外，对我家附近还是非常不熟的。

但自从我做了这份工作之后，对于"地点"这个话题，跟人很有的聊。

有时候跟朋友出去，闲聊的时候，会回忆一下："啊，你在××地区工作呀？我以前在那里读大学哎！不知道那地方还好吗？你也常常去吗？"

我想想那个大学，脑海中出现一个炭盆，旁边倒了一个人，于是点点头说："有呀，那地方我知道，之前上班的时候去过。"

然后，对方沉默了。

有时候跟朋友去风景区，看看那个水色山光的风景，会被问说："这地方好美呀，你来过吗？"

我想想这座山、这个湖，想起了曾经有消防队在这里等待我们到来，而地上有个沾着水的尸袋，等待我们送他回去休息，于是点点头说："有呀，这地方我知道，之前上班的时候去过。"

朋友想买新房，看到中意且价格优惠的房子，跟我闲聊的时候说起，"哎，最近我在看××区的房子不错耶，环境良好又靠近学区，我和我老婆打算买那里的了。地点是……你知道在哪里吗？以后有空可以来吃个饭。"

我想想他告诉我的街道和巷弄，回想起有天我在隔壁栋遇到了一个"荡秋千"的，那摇晃的场景到现在还很难忘，于是点点头说："有呀，那地方我知道，之前上班的时候去过。"

到现在我还是想不通为什么朋友越来越少，算了，就让它是个谜吧。

●

话说这天，老宅和我到了学区，里面的住户应该是因为生病去世的，但是太久没人去看他，加上这边都住着学生，大家都放假了，就算味道很重也没人闻到，所以是等到开学的时候，隔壁的学生回来才发现他去世的。

现场除了倒霉的房东，就属那个邻居同学脸最黑了。当我们告诉他，发现者还要去殡仪馆让验尸官问话，他的脸更黑了。

现场的状况很不好，往生者应该是跌倒后休克导致死亡的，因为他的头卡在书桌和床的中间。

经过这么多天，他的脸已经完全陷进那个洞里面，我们必须一个人抱着他，又不能让他落地，所以必须靠近他的脸抱住他上半身。

那张脸已经不太像脸了，满满的大血泡，感觉一碰就会爆开，加上那口气还没吐出来，当我靠近抱着他的时候，心里战战兢兢的。

幸好，总是听人家说做好事会有好报，这次总算灵验了一次，虽然有水泡破了，但他那口气最后并没有喷出来。

好不容易将他装入尸袋，披上往生被，要将他送往殡仪馆的时候，楼下刚好来了一群即将入住的大学新人，只见他们一脸惊恐地看着我们指指点点，其中有一个胆子大的爸爸跑来问我们："发生什么事了吗？"

老宅遮一下制服上的"殡仪馆"三个字，说："没事，路过。"

我擦擦身上的血迹，也说："没事，路过。"

鉴定组一边提醒我们隔天要交代验尸，一边告诉他们："没事，路过。"

警察一边联络死者家属，一边跟他们说："没事，路过。"

房东也赶紧跳出来说："没事，他们路过。"

而那位一脸黑的发现者同学……你也好歹装一下，你那张脸怎么看都不像没事呀！

有时候，人心比鬼还可怕

有天，我们大家难得工作有空当，开始闲聊一个话题：

殡仪馆有没有鬼？

大家开开心心地聊起鬼故事，老司机先说：

"之前我是不相信这里有鬼的，直到最近我在殡仪馆帮家属做头七的时候，去上厕所，上着上着，突然闻到卤肉饭的味道。大家都知道我们不太喜欢在馆内上厕所，都喜欢跑到外面的厕所，比较安静，可以慢慢蹲。这厕所平常不会有人来，怎么可能有人在里面吃卤肉饭呢？于是我就大喊：'谁？到底是谁？'没人理我，但是香味一直在，而且还听到有人在吃饭的声音。我突然想到，'今天做头七的是一个卤肉饭店老板，那个老板生前做的卤肉饭就是这种味道，不然怎么可能有人半夜在殡仪馆旁边的厕所吃卤肉饭呢？'当下我赶快擦擦屁股，冲了出去。我最近都不太敢在那里上厕所了……"

我们听了真心觉得不合理，的确不太可能有人半夜在那里吃卤肉饭。

突然间，大胖说话了："会不会是那个新来的，听不到的清洁人员？"

我们"啊？"了一声。

大胖继续说："就是那个本来是流浪汉的人呀，好像耳朵有问题，但是做事很努力，虽然听不到，但我巡逻的时候，都看他在很认真地打扫。当初来工作的时候，他带了很多家当，把本来在公园里的所有身家都带来了，棉被呀，大枕头呀，电热壶呀。他没地方睡，老是在馆内找秘密基地，有时候在礼厅后面，有时候在厕所的储藏室，有时候在后面公墓旁的公园，不管哪里都能睡。听说最近领薪水后，他还加购了电饭锅。会不会是他呀？"

老司机直说不可能，以他的胆子，不可能栽给一个清洁工。

两人杠起来，后来我们一起去那里看，发现厕所的储藏室里，电饭锅里面的焢肉已洒在外面，聋子哥正用一旁的水龙头洗澡，准备吃晚餐。他还拿了别人拜完不要的三牲、丢掉的水果，用着公家的电和水。

我们看着他，似乎找到未来饿不死的办法了。

接着换师父，他抽了口烟，告诉我们前几天他去一场凶杀案现场招魂的故事。

"那是一个年轻男子，因为争风吃醋被砍死，砍到血肉模糊，我接到电话后，就开着出租车去招魂。招完魂回来，家属说其他家属还没到，于是我先去上厕所。正当我从厕所出来的时候，看到一个可怕的画面：一辆出租车开进馆内，下来了一位妇人……还有刚刚我去招魂的那个往生者！"

师父说到这里，用力吸了一大口烟。

"只见那个往生者从出租车下来，对着大胖说了一些话，那个没义气的大胖指了指厕所，往生者就朝我冲了过来，吓得我屁滚尿流。我心想不就是刚刚招魂赶时间，佛经少念了一段而已，需要冲到殡仪馆来找我吗？虽然往生者经过我旁边时还跟我说借过，但还是把我吓傻了，钱都没收就说我道行不够，先走了。"

师父转向大胖，说："还有，大胖，我还没找你算账，你也太不够意思了吧！一下就把我卖了哎！"

大胖一脸无辜地说："他问我厕所在哪里呀。"

师父还是气鼓鼓的。

我想了想，问师父："是不是上次来的双胞胎呀？好像其中一个被砍死，另外一个来当申请人。"

师父形容了一下长相，果然没错。

于是师父更气了，"妈的！难怪我觉得明明要七天后才回来，这个怎么提早回来了，而且我招那么多次魂，第一次看到坐出租车回来的，还不叫我的出租车，又害我没收到钱，真是气死我啦！"

我们笑了笑，在殡仪馆里面，总是自己吓自己。

接着换大胖开始说故事了。我们都很期待，大胖每天半夜巡逻，一个月才休四天，一定有很恐怖的故事。

"月薪两万四……"

短短五个字，我们听得不寒而栗，真的很可怕。

就在我们还没从这可怕的故事中惊醒的时候，旁边听我们闲聊许久的老葬仪社老板说出了他的故事。

"殡仪馆里面一定有鬼！"
他老人家说完之后，点了支烟。
"我年轻时帮家里做事，家里做葬仪，到我已经是第三代了。那时候，我们接了一个外县市的案件，往生者是自杀的，旁边的人发现后报了警。不知道为什么，有其他葬仪社的人听到风声就先跑去处理，把尸体捞了起来，装好了尸袋，准备等家属到就有生意做了。偏偏家属不让他们做，反而叫我们外地人去接。
"当然，对方很生气，但是家属的意愿最大，于是他们敲了一笔几万块的竹杠后就走了，走之前还放话说不会让我们好过。
"我们口碑很好的，从我爷爷到我做了三代，经营得兢兢业业，不对外结仇，用心对待家属，他们才会找我做。还好，一路上没出什么纰漏。化好妆，放入棺木后，我们将女菩萨移到礼厅，等待隔天的出殡。
"隔天早上不知为何，我起得特别早，而且睡不着回笼

觉，于是就提早去礼厅做准备。到了礼厅，我发现这位女菩萨的衣服被扒得一干二净，会场也被破坏了！幸好我到得早，一切都可以补救，也没让家属知道，让他们安安心心地做完最后的仪式。"

老葬仪停了一下。

"事后，我去向那里的殡仪馆礼厅人员反映，礼厅人员问我们当初得罪的那家叫什么名称，我们不知道，只形容了对方的特征和身上的刺青。礼厅人员听了，只淡淡地说：'这里有鬼，晚上会来捣乱，你们抓不到的，就算抓到了也不能怎么样。'"

老葬仪还在回想那时候的情景，抽了第二支烟。

"从此我相信，殡仪馆有鬼。如果那是人做的，该有多么可怕！有鬼的话，我反而不会那么怕了。"

从此以后，每当有人问我殡仪馆有没有鬼，我都会回："希望有……"

我一直认为对任何人、任何事，

都要有最基本的尊重，尤其是殡葬业这行，

这样才能对得起自己、对得起工作，

晚上才能睡得安稳。

包装

殡仪馆里送来了一个小朋友，大概十多岁，应该是在上小学。

父母亲都来了，感觉他们看得很开，好似早知道有这天的到来，但是孩子要被送进冰库的时候，妈妈还是泪崩了。

爸爸拍了妈妈的肩膀，说："不是说好不哭了吗？我们早知道会有这天，让他走吧。"

妈妈擦擦泪，忍下心来往回走。"从冰库出去之后，你们就往前走，不要回头。"我们都是这样跟家属说的。

家属走之后，我仔细看了一下小朋友的死亡证明书，难怪爸爸会这样说，原来是久病导致的夭折。

之后，就是进入丧葬的部分了，这次来的葬仪社的人很面生。

　　怎么说呢？是一家大公司，代表穿得很体面，不论是面对家属，还是面对我们，都带着一种专业的同情面容，似乎跟家属同凄同悲。不过，我总觉得这种感觉中带着一丝虚伪，不知道为什么，就是没办法喜欢我面前这个穿着体面、戴着名表和金丝边眼镜的人。

　　但是，这种人却很合一般家属的口味。

　　"放心吧！我们公司从事这行很久了，业界有名，那个××明星是我们办的，××大户也是我们处理的，交给我们，肯定圆满。"

　　所以他们一拍即合。

　　所谓丧事就是这样，只要办得圆满就好，不需花大钱，不需很铺张，办完之后，你觉得安慰到了自己，若干年后回想起来不觉得愧对家人，就好了。

　　刚好老大经过旁边，便看看究竟是哪家葬仪社接手的。他看了一眼，说了一句话："让他办真的很衰。"

　　一开始我觉得应该是误会吧，基本上那些包装不错、卖相好的，应该差不到哪里去。

但是，我慢慢地发现，由于他们公司很大，业务很多，自己人基本上不太够用，很多都外包给别人做，而外包的那几家却难以让人信任。来洗遗体的时候，别人都慢慢洗，只有他们像打仗一样把遗体当物品在整理，似乎忘了他们曾经也是人。叼支烟，吃着槟榔，喝着饮料，不是看不起这些行为或是觉得不好，只是觉得场合不对。

我一直认为对任何人、任何事，都要有最基本的尊重，尤其是殡葬业这行，这样才能对得起自己、对得起工作，晚上才能睡得安稳。

那时候听到他们谈的金额，同样的东西，别家要一半的价钱就可以搞定，说穿了还是两个字："包装。"

有葬仪社老板在这里说过，殡仪馆遍地黄金，一般人或是思念亡者，或是碍于亲人间的压力，或是面子，只要听说是对往生者好的商品，无论价格多少都会掏钱买，但是葬仪社经营者要找到买家，就要靠各个环节的功力了。

这部分倒是跟我们一点关系都没有，因为我们不会参与这些事情。不过，有件事情我倒是很在意。

　　这天，这家葬仪社跑来说他们要提早退冰，因为过两天是大日子，他们很忙，可能到时候没时间来。

　　我们只是提供设施，不干涉一些殡葬事宜，他们说可以，我们就可以，所以葬仪社方面办好手续后，就来退冰。

　　"你确定提早五天退，这样可以？"我一脸疑惑地问。

　　"不行也没办法，我们两天后没时间来。"

　　"确定不会腐败吗？"

　　礼仪师笑眯眯地说："放心吧！这我们会处理。"

　　我们叹了一声。你说可以就可以吧。

　　四天后，化妆师来化妆。当她们把小朋友从退冰区带出来的时候，看了看小朋友，问："这具遗体来的时候，是腐尸吗？"

　　我们摇摇头，说："是好的呀。"

　　"那为什么味道都出来了，脸也发黑了呢？"

　　"退冰四天了……"

　　我们互相看着，相对无言。

　　她们也知道了原因，叹口气，只能粉上厚一点，香水多喷一点。

　　隔天出殡的时候，礼仪师特地一早来补喷香水。他一身笔挺西装，一副专业的样子，手上戴着劳力士，劳力士旁边多了一个手环，是小朋友来后才有的。

　　我看着手环，对他说："大哥行情不错哦，戴了葆蝶家的手环。"

　　礼仪师笑一笑，说："这手环是假的。"

　　但我仔细看了看，怎么都不像假的。

　　礼仪师告诉我："因为放在我的劳力士旁边，你看到劳力士，就会觉得我的手环也是真的。如果戴在你那个破表的手上，就算告诉别人这是真的，别人也不信。"

　　我看着我手上的破表，似乎有点道理，又问："那劳力士是真的吗？"

　　礼仪师笑一笑，望着走过来的家属，不说话了。

　　●

　　妈妈看着小孩白白净净的面容，容光焕发，觉得值得了，却不知化妆掩藏的是发黑的面容。

　　妈妈闻着满棺木的香气，清新淡雅，觉得值得了，却不知那香味是为了掩盖腐败的气息。

妈妈摸着小孩的头，说："小伟，你才来人世不久，妈妈没办法多给你什么，这次幸好有这个哥哥帮你办丧事，办得好，办得圆满，你就好好去吧！妈妈已经把最好的都给你了！"

庄严的师父带头念声佛号，气派的灵车前挂着小朋友生前秀气的面容，四个乐手在吹奏乐器，大家都觉得这是场完美的丧礼。

站在旁边的我突然理解了老大那句话。

"让他办真的很衰。"

亡者变青蛙

某天，我们接到一件案子，从车上走下来的是往生者的父母，做废品回收生意的爸爸穿着有些脏乱，填写资料的时候，腼腆地请葬仪社的人帮忙，因为他不识字。他的眼球有点怪怪的，是斜视还是斗鸡眼，我也不清楚。

而往生者的妈妈，如果我穿3L尺码的衣服的话，她应该穿7L。她流着口水，不明白发生了什么事情，跟老公一起来，应该是个生活无法自理的人。

儿子从车上下来了，只听爸爸喊着："阿辉，下车哦！"

那就叫他阿辉吧。阿辉面黄肌瘦，两只眼睛突突的，手脚都有点缩，嘴唇稍微有些破皮，应该是癫痫发作的时候咬的。往生者看样子并不是很大，实际年龄说不太出来，但是看看身份证，已经三十岁了。

辉爸说，他这个儿子一生下来，病就一大堆，动不动还

犯癫痫，医生说养不到二十岁，现在养到三十，他也是尽力
了。老婆这样，他也不敢生了，阿辉是他唯一的儿子。

葬仪社老板在旁边，脸色倒不是很好看，问他为什么，
老板说："这个是里长通报的，感觉没什么钱，说不定还要
倒贴。我这个月快月底了还没开张，唉，不知道赚不赚得
回来。"

丧事就是这样，没有陌生人会那么好，悲天悯人地帮忙
治丧，还是要算钱的。

前阵子遇到一个葬仪社老板，手头一次有三个案件，他
摇摇头，说：

"唉！丧家真是可怜，一个人去世，就是一个家庭的不完
整，甚至是两个家庭。唉，丧事这东西呀，还是少办为妙，
钱生不带来死不带去，还是让这世界美丽一点好。"

那时候觉得他说的很有道理，一场丧事可能是白发人丧
子，可能是丧父，也可能是丧偶，真的是让一个家庭不完整。

假如这个社会的丧事少一点，会不会大家就更幸福一
点呢？

大概三个月后，那个老板还是没接到业务。有天我又遇

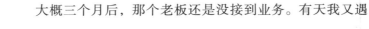

到他，他变成这么说：

"最近怎么都没人死呀，再这样下去我要喝西北风了，等等去医院或者河边捡捡看好了。"

原来这行也可以"跑业务"呀！

再说起阿辉的事，老板想既然没钱，那就速战速决，三天将他火化。

辉爸满脸不解地问："有必要这么赶吗？"

老板不好意思直接问他有没有钱，只好委婉地说："你预算多少？你家的状况我知道，里长有交代，你看你能出多少，剩下的我想办法。"

辉爸拿出一本存款簿，说："这些是这几年阿辉领的补助金，我早就知道有这一天了，我尽了当爸爸的责任，平常生活我负责，这些钱是要给他自己办丧事用的。"

老板一看，不得了，四十多万！要是全部用了，应该能赚不少。能捞就捞，能赚就赚，什么三天火化，不给他弄个半个月以上怎么划算。

于是，他推荐给辉爸最好的商品——

"阿辉没读过书……"

"那买个书包，再烧点书给他好了。"

"阿辉没开过车……"

"那买个车给他好了，顺便烧个司机。"

"阿辉身体不好……"

"那给他做个功德好了，请两位师父。"

买卖就是这样，我定价给你，你买得开心，觉得买得有用，别人也不能说什么。但是有一点，这个老板想赚却赚不到，那就是塔位费。

老板问辉爸："为什么不给阿辉买塔位呢？"

辉爸说："阿辉一辈子都在房子里，都躺在床上，我想把他撒在草地上或海上，让他看看外面的世界。"

老板也就不勉强了，于是想尽别的办法赚那四十万。

辉爸每天中午都开那台回收车载着辉妈，带一些零食、糖果来看阿辉。

他们有没有想过其实阿辉已经三十岁了呢？

没有，我觉得他们总是认为他们家阿辉只是个孩子，还是那个从出生到三十多岁都要他们照顾的孩子。

来到冰库，辉爸总是牵着不知道发生什么事情的辉妈，在阿辉面前说今天又给阿辉带了什么东西。

辉爸拿了两个硬币掷筊，问阿辉有没有收到；没有筊的时候，再问是不是缺了什么东西，直到有筊为止。而问到缺了什么，就向葬仪社追加什么。

某天，有一个远房亲戚跟着来，对辉爸说："你这样会被骗很多钱的。"

辉爸脸色一变，"呸呸呸！什么骗钱，我家阿辉以前躺在床上的时候，我想买个玩具让他开心都没办法，现在好不容易他跟我说他想要什么，你凭什么说我被骗！你怎么能说他在底下没收到这些东西！"

原本我也觉得辉爸很傻，但是在旁边听到这些话，也就算了。

在出殡前，老板争气地把那些钱赚得七七八八了。

辉爸也很开心，他给了唯一的儿子一些在世的时候不能给的，给他唯一的儿子一些在世的时候不能用的，希望他在地下可以享用得到。

●

出殡前一天，这是他们最后一次看阿辉。

阿辉已经被放在退冰区，等待隔日化妆了。辉爸、辉妈来看他的时候，老板笑眯眯地介绍隔天大概的流程，并问妆要如何化他们才比较满意。

突然间，从阿辉的尸袋旁跳出一只青蛙，很小，却跳得很高。辉妈蹲下来看着那只青蛙，喊着："阿辉！阿辉！"

辉爸仔细看，青蛙的眼睛大大的，四肢小小的，其中一只脚还萎缩了，有点虚弱，正巧与阿辉神似。

这时候老板灵机一动，说："三脚蟾蜍带财，肯定是你儿子化身的，感念你们的养育之恩，要叼着钱来孝敬你们。"

辉爸听了，有点安慰地忍着眼泪说："不用这样，不用这样，是爸爸没有生好你……"

老板又顺势补一句："可是，我看啦，他说不定还想留在你们身边，塔位的事情，你们再考虑一下好了，至少还有个地方可以去看他。还有就是你儿子生前的体质比较虚，最好还是放在大一些的庙里，风水比较好，神仙比较多，那个××企业的爸爸就是放在那里的，那种公塔比较没用。"

辉爸开始犹豫了：究竟是要给他树葬？还是要买塔位？辉妈却抓住那只青蛙说要回家养。

辉爸叹一声，说："我再想想。"

　　隔天出殡前，辉爸激动地对老板说："昨天我梦到我儿子来找我，他说他来看我，好想我，希望我们可以一直在一起。这是我第一次看到我儿子笑，我从来没有看见我儿子笑过。之前不论花了多少钱，只能看到躺在床上的儿子越来越痛苦，我甚至不知道该不该让他继续活着。现在能在梦里看到儿子的笑容，我已经满足了，我决定买塔位，多少钱都没关系，我找亲戚一个一个借！我想把他留在这个世界！"

　　老板一喜，却又眉头一皱，似乎觉得不太妥，就对辉爸说："你确定？这个是你情我愿的，是怕你这样买了负担太大，你自己要考虑一下哦。"

　　辉爸牙一咬，说："没关系，你尽管去帮我看塔位，钱不是问题，让我儿子好就好。"

　　老板似乎想说什么，却又叹了一声。于是辉爸借了钱，看了一个不错的塔位。

　　这场丧事过后的某天，我在上班途中遇到辉爸和辉妈。

　　这天太阳很大，辉爸开着车，后面都是回收物，辉妈坐在车后面，把玩着手中的瓶子，瓶子里面有一只青蛙。

　　我想着那天老板开心地说他赚了多少钱，心想：欠那么多钱买了一个塔位、办了一场丧事，真的值得吗？

假如阿辉真的孝顺的话，这样真的是帮助他爸妈吗？

老板真的有错吗？他卖了他想卖的，辉爸买了他想买的，如此而已。

而身为旁观者的我有资格像那个远房亲戚一样，说声"你那么笨，被骗钱都不知道"吗？

到公司后，大胖在抓青蛙，我问他："抓来干什么？"他笑笑说他的邻居养了红龙鱼，不知道吃不吃青蛙。

接着大胖回问："冰库一到夏天就一堆青蛙，你来了这么久，不知道吗？"

想着辉爸那张开心的脸，我没回答大胖的话。

有时候，丧事不是丧事，只是想花钱买个不遗憾，跟买张赎罪券没有两样，只要觉得值得就好。

烧烤店

冰库外面，一趟来，一趟走。

冰库里面，一个来，一个走。

这行的人来来往往，或是因为不满意薪资而跳槽，或是觉得老板好做自己来开，或是欠一屁股债跑路，或是原本浪子回头，却又觉得当初快钱更好赚再回归老本行，或只是来体验人生、积阴德，或是感情因素被同事接了进来……

总之，做到最后的人真的不多。

这天，在冰库外看到一个老司机，一脸疲惫，感觉精神很萎靡，于是我问他："怎么了，累成这样？"

　　老司机开了一罐红牛，说："这几天大日子，一早起来站礼生，然后下午洗遗体，晚上值班要去接运遗体，家属电话一来，老板一叫，又要出发了，每天都睡不到四小时。说好月休四天，看来这个月又休不到了。这样拼的话，不知道我的身体还能撑多久。唉！真的好累。"

　　我听了之后，感慨地说："唉！你们这种有做有钱、没做没钱，还能怎么样呢？一个月一万多领过，一个月十多万也领过。上班不就是这样，你要老板钱，老板要你命，钱给你，命给他，好好存钱，早点退休更实际啦！"

　　老司机抽口烟，神神秘秘地告诉我："其实……我做到这个月，下个月就离职了。"

　　听到这个消息，我其实并没有太多感觉，毕竟人来来往往，这些都是迟早的事。于是我先跟他道了声恭喜，不过还是很好奇，便问："你一开始想过做很久吗？"

　　老司机抽口烟，露出手背上的鬼头，说：

　　"当年我年轻不懂事，加入公司，跟了老大，有一次出去当打手，被抓了，重伤了别人，要在里面蹲一阵子。以为蹲完出来又是一条好汉，可惜跟了一个没义气的老大，说好出了事情，公司会帮忙，谁知道后来连律师费都要我出，给的那一点安家费根本不够，出来后还欠了一屁股债。但是老子有骨气，我不相信我不卖粉、不生事，就赚不到钱。外面一般工作不给我这种人机会，我来赚死人钱总可以了吧！于是我来做这行。我有债要还、有老婆要养，拼命工作几年，债都还完了，现在该轻松一下了。"

我继续问下去："只是因为还完债就不想做了吗？"

老司机眼神看着前方，淡淡地说：

"我第一次不想做的时候，是有一回去接运一个'荡秋千'的。那时候那间房子还没盖好，开发商的儿子不知道怎么了，跑到十九楼上吊，被警卫发现了。开发商不想让人知道有人上吊，要求我们老板不能搭电梯，也不能走里面的楼梯，于是我们从逃生梯下楼。老板对于我们出门接运遗体只有一个原则：使命必达。由于那个逃生梯很小，我就跟另外一位老司机把往生者绑在身上，一层楼换一个人背，就这样从十九楼背了下去。

"又有一次是台风天，刮风下雨，雨水冲刷了土石，在土石之间有具尸体被冲了下来。我们不像消防员有专业的装备或训练，只是凭着一股力气去做，最后咬着牙上去把他搬了下来。

　　"俗话说得好：别人孩子死不完。不过，我家就我一个孩子，我死了就死完了。唉！还是不要待在这里好了。"

　　我听了没说什么。殡葬行业的人似乎自古都是这样，被拗到深处无怨尤，于是也只能问："你以后想做什么？"

　　老司机想了想，说："我想开店当老板，找一些以前这行的同事回来。"

　　我心里很是赞成，一群经验丰富的老司机一定可以有很好的前程，不用受老板气了。不过做这行，大家都会看风水、算名字，每一笔每一画，据他们说都有玄机，于是便问："名字找人看了吗？"

　　老司机很高兴地说："我们看好了，叫作'天天来'，记得到时候来捧场哦！"

　　我一听不太对，"取得倒是挺有创意的……大胆、直接，把赚钱的企图心和野心都放在招牌上面了。不过是不是太前卫了？我怕家属没办法接受吧。要不要再想想？"

　　老司机一愣，"我开烧烤店还要看家属？这名字还不错呀！"

"啊，原来你们这群专业的不是要一起开新公司哦？"

老司机一笑说："我们不打算做这行啦，我们一起存好钱要开烧烤店，别看我这样，切东西也是我的专业。"

其实呢，这点我倒是从来没有怀疑过呀。

毕业季到了，看着电视上秀出来的大学毕业生在殡葬业的高起薪，再看看这群要离开的老司机，我心里感慨万分。

"希望这次的交替，可以久一点呀……"

罢工

谈罢工前，想先来说一个故事。

某天，葬仪社接到一个委托，对方说他的亲戚上吊，请他们去处理，于是老板就带着家伙过去了。

说实在的，"荡秋千"虽然可怕，但是我们一个礼拜会看到好几次，对我们来说早就没有杀伤力了。为什么我会特意提这个故事呢？

往生者是个中年妇女，吊在社区大楼的其中一户里，现场有警察和等着葬仪社老板放往生者下来的鉴定人员，还有一旁被警察叫过来处理的远房亲戚以及屋主。

亲戚告诉老板："里面好夸张的！"

老板拍拍胸脯说："这行我做这么久了，再夸张的我都见过。"

但是一打开门，连老板都被吓到了。首先感受到的是气味，记得送到我们馆里的时候，那个味道就已经很惊人了，可见现场更可怕。

往生者大概走了一周，腐烂的尸体上面有大大的水泡，身子已经变成绿巨人了，吊在上面的绳子看似紧得要把脖子扭断，脖子上的肉紧紧嵌在绳子里面。地上都是尸水，还在不停地往下滴，身体在不停地摆动。

只见墙壁上都是用喷漆喷的字：

无良 ××× 不给我活路，你不得好死！

平时就兢兢业业工作，叫我走就走！

她身上还绑着白布，上面写着：谁放我下来，我就去找谁算账！

老板一看也傻在那里。

突然间，嘭的一声巨响，有人昏倒了，大家都回头看，只有老板头也不回地在继续研究要怎么放下来，因为以他多年的经验，后面倒的不是房东，就是不知道怎么擦屁股的远房亲戚。

他想到找消防队，但是现场警察立刻泼他冷水说："消防队说这个你们会处理。"老板听了苦笑着摇摇头，这个谁愿意放呀！

　　想着想着，他想到我们馆里的小强，于是拨通电话，问："小强，你在工作吗？来这里一趟，有赚钱的事给你。"

　　小强哥是我们的一个人力 [1]。他的智力有些障碍，在我们馆里干杂活，平常抬抬棺、接接体、搭会场，但是需要面对家属的事情都不叫他，毕竟这行很讲究门面的。

　　小强哥一听到有赚钱的事就到了现场，一看也傻掉了。

　　老板笑眯眯地看着他说："小强，发达了，你平常接一趟遗体，大家算八百给你，今天我给一千二，怎么样？"

　　小强哥也不是笨蛋，说："老板，一千二放这种的，傻瓜才要，除非……"

　　老板听了，笑眯眯地塞两包槟榔给他，小强哥满足地看了两包槟榔一眼，就去把那个往生者放下来了。

　　外面的警察看到了很钦佩，问小强哥："哇！写成这样你

1　"人力"是台湾地区殡葬业中的专有用语，用来称呼什么都可以做的人，只要哪个工作需要人手就可以找"人力"来做。——编者注

都敢放，你不怕……"

老板立刻拉走警察，叫小强哥先把遗体搬到车上。

有人问老板："为什么要找小强哥？"

老板说："因为小强……他不识字呀！"

后来，大家常常关心老板和小强哥到底有没有"被跟"，老板却不以为意地说："有种来跟我，我还要向她讨债呢。那个远房亲戚没钱，这个往生者身上加整间屋子的现金不到五百，亲戚很大方地说这屋子里面的东西都可以拿，妈的，最值钱的就是那两桶煤气罐，还要我搬去退！不要说跟我了，我还要请师父找她算账呢！"

小强哥则像没事人一样整天傻傻地工作，做一天是一天，但其实，我们也好一阵子没看到他了……

我看我们这边的人力，有工作的时候做得累死，没工作的时候整天晃荡，薪水有时候高，有时候低。

有一次，我问一个人力："你们不想抗议吗？"

人力问："怎么抗议？"

我说："凶一点呀！抬棺材、撒冥纸之类的。"

人力嘀咕说："这跟我的工作没什么两样呀，我就是抬棺材、撒冥纸的。"而且棺材和冥纸还要向老板买呢！

我无言以对，人力接着说：

"其实我们抗议过，曾经有老板去向工会抗议，说我们又要当礼生，又要抬棺木，公司每次还要抽两成，我们拿到手的太少了。于是，工会帮我们和葬仪社协调，最后葬仪社同意一个人力上涨五成，反正也是家属出钱，于是就涨价了。"

我听了很开心，原来这里的劳工也会被关心。但为什么他又喊穷呢？

这位大哥叹了一声，说："之后葬仪社给的费用，人力公司¹变成抽四成。"

"有想过不爽就不做吗？"我又问。

他只回，"我不做，一堆人抢着做。你以为大家都不用生活吗？"

那年应征护工的时候，护理长问我："你是没后路才来做这行的吗？"

那时候我没考虑太多，只是想着我要帮家里照顾爸爸，

---

1 指在雇主和这些"人力"之间，居中协调工作的公司。——编者注

才来做的。

后来仔细想想那些阿姨同事们，实在有些感慨，真的，很多人都是没后路才来做的。年轻时候工作没劳保的，或是挥霍自己的青春，或是突然被裁员，或是外面一般的工作行情没这里好……

所以问我是不是没后路，我没回答，但如果问那些阿姨是不是没后路，我认为很多都是。

现在到了殡仪馆，领公家的固定薪水，也不用为业绩烦恼（更准确的说法是来得越少越好）。而外面的从业者几乎都是有多少工作就领多少钱，巴不得天天有"事情"做，还说得多么悲天悯人、多么为民服务积阴德。但一看到因为业务少而领的那些微薄薪水，就恨不得每天都有业务可接。

也有很多社会新人说要来做做看，回馈社会，结果做不到几个月就被低薪水和工作时长吓跑了，而最赚的还是老板。

这样合理吗？

觉得不合理的就自己出来开公司，当一个新的老板继续压榨员工，或是直接离开这行。觉得合理的也不会计较太多，继续过着快乐的被压榨的生活，反正饿不死，每天都有槟榔吃，有饮料喝。

我也是这样。

●

　　看着电视上那些罢工的人们，不管是领的薪水比我们一般人高出多少，也不管他们的诉求合不合理，至少，他们都做了我在职业生涯中不敢做的一件事情，就是"跟老板说"。

●

　　当年我在莱尔富上班的时候，法定工资九十元，我从六十元做起，老板说实习期就是这样，前三天还不算钱。那是我的第一份工作，总觉得没关系，有钱赚就好，而且老板人很好，每天晚上还把过期食品送给我吃。

　　就这样，我接受了那个薪水。

　　记得第一次领薪水那天，报废的商品中没有我爱喝的牛奶，我花钱去买一瓶没过期的。那时候我惊呆了！原来没过期的牛奶那么好喝！

　　后来这家商店就没有再进来别的新人了，据说都是听到店长这样讲就不做了。我心里想他们好傻，这社会不饿死就好了，老板肯给我工作就好，我还要争取什么呢？

　　后来当了运钞员，就更离谱了，一辆车出去少则百万，多则千万，而我身上只有一根甩棍，我同事身上只有电击棒，就这样拿着那么多钱出去跑。我们只能祈祷：希望不要被抢，希望不要掉钱，希望那辆破车不要出车祸。

　　有一次，我和比我资深的同事去运一堆硬币，到了现场一看就知道会超载，我问主管，他告诉我们："尽力开回来。"

　　结果我们在高速公路上时刹车坏了。那时候学长很紧张，他拉着手刹再放一点点，再拉一次又继续放一点点……这样慢慢让车停下来。

　　而我在旁边说风凉话：

　　"学长，要是你这样挂掉，嫂子会改嫁吗？"

　　"学长，你还有什么事情没完成吗？"

　　"学长，要是你下去，阎王知道你为了一点点薪水拼成这样，他会怎么想呀？"

　　这件事结束后，学长就离职了。过了没多久，我也离职了。我们都没向公司上面反映，因为我们觉得不爽不做了就好，剩下的问题是别人的问题。

　　在医院的时候，更不必说，每天都活得很有压力。上班工时加通勤超过十四个小时，照护过程若有个闪失，或是病人自己躁动瘀青，都会怪在你头上，一人要照顾超过十人，有状况都会被吓一身汗。服务铃一响就得随传随到，有些人半夜按铃，不是忘了吃饭，就是问现在几点了。

这工作真的要用做功德的心态去做，不然一定做不下去。

但我和阿姨们也是傻傻地做。我们需要钱，我们需要生活，我们不敢跟老板说加薪，我们只希望有薪水就够了。

看到有些人努力争取所谓的权利和福利，这些完全超乎我这几年来的工作思维。

原来除了那些老板开的薪水，我有权利去争取更好的。原来工作环境不好，我有权利跟老板说。原来只要你的工作是难以取代的，你说话就可以大声。

原来世上有"罢工"这种东西，不是出现在书上，不是出现在梦里，而是出现在我的眼前。

生命中不能承受之轻

最近我们在学习如何使用 AED（自动体外心脏电击除颤器），因为公司有，我们就要学会用。

来了一个消防队的教官教我们，由于我们没有足够的场地，所以趁着一大早去火葬场的空地上课。

教官一到场，在地上放了四个练习 CPR（心肺复苏术）用的假人"安妮"，拿起 AED 开始讲解。

我感觉很诡异。里面在喊着："阿爸，火来了，快跑！"外面在叫着："安妮、安妮，你怎么了？"

教官告诉我们，CPR 是给无意识、无呼吸的人使用的，我们望向一具具往火葬场推的棺木，他立刻补一句："死了太久的不行。"

这种事要早点说。

教官开始教我们怎么救安妮时，火葬场的老林歪头看着假人，我想，他可能在思考要怎么烧这个安妮；冰库的夜班弟弟也歪头看着她，我想，他可能在盘算要怎么冰这个安妮。

等到开始做 CPR 的时候，我和老宅一组，见他的嘴唇动了一下，似乎要说："小胖，等等我头你脚，迅速放进尸袋，打卡下班。"

正当我也习惯性地要戴上口罩和手套时，才突然意识到我们现在在学急救！

老实说，还真不习惯。

实际操作完之后，教官与我们分享他多年来急救的心得。他说，通过急救，他救了大概两百多人，其中有二十八个人后来过着正常生活，其他的有些成了植物人，有些虽然恢复了也无法正常生活。

最后他说："但是，至少救了二十八个人的命。"

听到这，我出神了。

各位可能知道，我父亲就是中风变成了植物人，后来在床上痛苦好几年才离开的。那段时间，我常常问自己：假如当时我不救，或者再慢一点，会不会对他、或对我都比较好？

几年来，我看着只能在床上咳嗽的父亲，看着因为担心父亲而几乎没有社交的母亲，再看看在医院工作、下班后要照顾他的我……是不是如果当初放弃，我们都会好很多？

某天，我和我妈还有小妹去祭拜爸爸。在路上，小妹问我要不要买长照险（长期照顾险），我皱了一下眉头，对她说："我在医院看到的长照，是花了无数金钱延长自己的痛苦。"

小妹问："假如我不结婚，又像老爸一样失能了，那该怎么办？"

我想了想，开玩笑地说："我会掐死你。"

我小妹一听笑着说："谢谢。"

在我们对话的过程中，我妈在一旁全程听完，一句话都没说。

这短短几句话，一定是有长期照顾病重亲人经验的人才会这样说。

但事实还是很悲哀，有时候看着电视上那些杀掉长期卧床的父母再自杀的人，心里除了痛还是痛。

正当我沉浸在自己的小世界里时，教官问："假如今天是陌生人，你们学了急救，要不要救他们？"

零星的两三个人举手，我没有举。

教官又问："看看你们左右两边的同事，假如今天他们倒下了，你们学了急救，要不要救他们？"

大概有七成举手。我看着左边的损友老林，动不动就找我去帮助失学少女，害我到三十岁还两袖清风；再看看右边那个夜班弟弟，他前几天喝了我一手麦香。我也没有举起手。

最后教官问："假如你学了急救，旁边是你最亲爱的家人，你会不会救他？"

我想应该只剩我没举手。我想了想，经过了那几年，对于这个问题，我已经没有力气，也没有勇气举起手了。

但是再想想老妈，想想外婆，这手……

还是该举。

有人问一位老人：

"你为什么喜欢在殡仪馆走来走去呢？"

老人想了想，说：

"常常来这里，就知道自己过得多幸福。"

愿我一生都肥宅，
不带遗憾进棺材。

——我是大师兄，我们下次见。

图书在版编目（CIP）数据

比句点更悲伤 / 大师兄著. -- 北京：北京联合出
版公司，2020.4
　　ISBN 978-7-5596-4058-1

　　Ⅰ.①比… Ⅱ.①大… Ⅲ.①人生哲学 – 通俗读物
Ⅳ.①B821-49

　　中国版本图书馆CIP数据核字（2020）第036319号

　　北京版权局著作权合同登记 图字：01-2020-0873号

本书通过四川文智立心传媒有限公司代理，经宝瓶文化事业股份
有限公司授权，同意由北京紫图图书有限公司授于北京联合出版
公司出版中文简体字版本。非经书面同意，不得以任何形式任意
重制、转载。

比句点更悲伤

作　　者　大师兄
责任编辑　李 红 徐 樟
项目策划　紫图图书 ZITO®
监　　制　黄 利 万 夏
特约编辑　马 松 路思维 吴 青 常 坤
营销支持　曹莉丽
版权支持　王秀荣
封面插画　Aimee
装帧设计　紫图装帧

北京联合出版公司出版
（北京市西城区德外大街 83 号楼 9 层　100088）
嘉业印刷（天津）有限公司印刷　新华书店经销
字数 100 千字　880 毫米 ×1230 毫米　1/32　7.75 印张
2020 年 4 月第 1 版　2020 年 4 月第 1 次印刷
ISBN 978-7-5596-4058-1
定价：49.90 元

版权所有，侵权必究
未经许可，不得以任何方式复制或抄袭本书部分或全部内容
本书若有质量问题，请与本公司图书销售中心联系调换。电话：010-64360026-103